JN037565

IEC 61850 を適用した 電力ネットワーク

―スマートグリッドを支える変電所自動化システム―

天雨 徹【編著】

田中 立二・大谷 哲夫【共著】

コロナ社

は　じ　め　に

　いまや電力供給システムは，産業や生活を支える最も重要な社会インフラとなっている。その一方で近年の災害は，大規模停電をはじめ電力供給システムに大きな被害をもたらし，そのレジリエンスの重要性を改めて認識させることとなった。今後の電力供給システムは「3E＋S (energy security, economic efficiency, environment, safety)」のバランスを保ちつつ，レジリエンス・安定供給の重要性をより高めていく必要があろう。加えて，化石エネルギーから再生可能エネルギーへのパラダイムシフトによる地球温暖化対策など，環境問題への配慮も求められる。

　そうした中，政府は第5期科学技術基本計画において，「サイバー空間（仮想空間）とフィジカル空間（現実空間）を高度に融合させたシステムにより，経済発展と社会的課題の解決を両立する，人間中心の社会＝Society 5.0」を目指すべき未来社会の姿として提唱した。この社会が実現すれば，IoT (internet of things)，人工知能（AI）の活用により必要な情報が必要なときに提供されることで，先に述べたような課題の克服が可能となるだろう。電力供給システムにおいても，情報通信技術を活用した「スマートグリッド（賢い電力網）」の構想がますます注目を集めている。また，国内外でスマートメータなどのデジタル形計量システムの導入が進むなど，電力供給システムはいまや大きな転換期にあるといえる。

　このようなデジタライゼーションが進展する中で，新たな情報通信技術としておもに変電所自動化システムに適用される IEC 61850 が注目を浴びている。国際標準である IEC 61850 に準拠した変電所自動化システムは，保護リレーシステムや変電所監視制御システム，給電・制御所システムと相互に連携して電力系統を制御する電力供給システムにおける中核的な役割を担うものであり，

その適用が拡大している。しかしながら，これまで IEC 61850 を本格的に取り扱う書籍はほとんど存在しなかった。

　本書は，IEC 61850 の解説と，変電所自動化システムの実態・課題・将来動向などを体系的にまとめたものである。電力エネルギー分野の専門技術者だけでなく，電力工学を学ぶ学生にも理解しやすくまとめており，電力システム工学などの参考書として積極的に活用していただきたい。本書が変電所自動化システム設計者のみならず，これら電力ネットワークについて関心をもっておられる方々にとって，少しでも役に立つものとなれば望外の喜びである。なお，本書は電力ネットワークに関わっている技術者が分担して執筆した。そのおもな分担は以下のとおりである。

　天雨　徹　：1，5 章
　田中　立二：2，3 章，付録
　大谷　哲夫：4，6，7 章

　本書の完成にあたっては，浜松浩一氏，瀬戸好弘氏，坂 泰孝氏に多大な協力をいただいた。厚く御礼申し上げる。

　また，コロナ社の方々には終始貴重な助言と励ましをいただいた。感謝の言葉もない。

　2020 年 4 月

天雨　徹

目　　　次

1.　序　　　章

2.　変電所保護制御システム標準 IEC 61850 ①
── 概要と論理ノード

3. 変電所保護制御システム標準 IEC 61850 ②
—— 通信サービスとセキュリティ

4. 保護制御ユニット（IED）とエンジニアリングツール

5.　SCADA

6.　IEC 61850 適用保護制御システム構築の
ケーススタディ

7.　電力ネットワークにおける保護制御システムの今後

付　　　　　録

第 1 章
序　　章

本章では，はじめに電力ネットワークを取り巻く環境の変化として，太陽光発電の大量導入，スマートグリッド，国際標準，電力ネットワークの現状と課題について述べる。

 ## 1.1　概　　　要

地球環境との調和を維持しつつ，持続可能な社会を実現していくには，再生可能エネルギーをはじめとするクリーンエネルギーの利用を促進する必要がある。そのためには，スマートメータなどの通信・制御機能を利活用した停電回避や送電調整のほか，多様な電力契約の実現やコスト低減などを可能にしたスマートグリッド（賢い電力ネットワーク）の実現が必要である。

国際電気標準会議（IEC：International Electrotechnical Commission）においても，次世代電力ネットワークに関する検討が進められている[1]†。その中心に位置するのが，各種エネルギーのスマート化を扱う**システム委員会**（SyC Smart Energy）であり，電気だけでなく，熱やガスも含んだ多様なエネルギーシステムレベルの標準化を扱っている。加えて，電力ネットワークにおける保護制御システムなどの技術的な検討が，IEC の技術委員会である IEC TC 57 にて進められている。

わが国においては，**変電所保護制御システム**（海外における変電所自動化シ

---

†　肩付きの数字は，章末の引用・参考文献の番号を示す。

ステム＝SAS：substation automation system）が，公衆保安の確保と電力の安定供給を支える中核的な役割を担ってきた。変電所保護制御システムは，変電所構内に設置される監視制御盤や保護リレー盤から構成され，電力ネットワーク設備の状態監視や制御を行うとともに，故障および異常が発生した際，ただちに当該設備を電力ネットワークから切り離すことにより，事故の波及を防止し，公衆保安の確保と電力の安定供給を目的としたシステムである。

　一方，**情報通信技術**（ICT：information and communications technology）の進展とともに，海外では IEC 61850 に代表される国際標準に準拠したシステムの利用が急速に拡大している。IEC 61850 は，スマートグリッドの中核をなす SAS の国際標準であり，上述した IEC TC 57 がその制定を担っている。他方，国内においては，各電力会社で独自の仕様を策定し，それぞれ信頼性の高いシステムを構築することで電力の安定供給を実現してきたが，近年では一部の電力会社にて IEC 61850 に準拠した保護制御ユニットである IED が採用され始めている[2]。

　IEC が発行する国際標準は，基本的な技術規制や許認可の基準になるなど，重要な存在となっている。国際標準に準拠した製品は汎用性があるために，コストダウン，マルチベンダ化，グローバル化が加速され，海外において国際標準が浸透していくことは確実であり，わが国としても適用を検討する必要がある。スマートグリッドの中核をなす SAS や配電自動化システムに IEC 61850 をより普及拡大できれば，社会基盤の一つである電力ネットワークの維持・運用の高度化に貢献することになり，ひいては豊かな社会の実現にも寄与することになる。

　本書では，このような背景の下で，現在の電力ネットワークに影響を与えるさまざまな課題を整理し，それらを解決する次世代電力ネットワークについて解説し，その構成要素の一つとして機能する変電所保護制御システムにおいて，IEC 61850 の解説と保護制御システムへの適用例をとりあげ，多面的に解説することを試みる。

1.2 電力ネットワークと変電所保護制御システムに 関する環境変化と課題

　本節では 1.2.1 項において，電力ネットワークを取り巻く環境の変化として，「太陽光発電の大量導入」，電力ネットワークの「スマートグリッドと国際標準への取り組み」，「電力システム改革」そして「電力ネットワーク設備の高経年化」の四つに焦点をあてる。また，1.2.2 項では現状の電力ネットワークの監視制御システムの概要，そして 1.2.3 項では 1.2.1 項の四つの環境変化に対する対応と課題について述べる。

1.2.1　電力ネットワークを取り巻く環境の変化

〔1〕　太陽光発電の大量導入

　エネルギー白書 2019[3] によれば，再生可能エネルギーの一つである太陽光発電に用いる太陽電池の国内出荷量は，政府の住宅用太陽光発電設備に対する補助制度が一時打ち切られた 2005 年をピークに伸び悩んでいたが，2009 年に，太陽光発電の余剰電力買取制度が開始されたことや，補助制度が再度導入され地方自治体による独自の補助制度も合わせると設置費用が低減したことを受けて，2009 年度から大幅な増加基調に転じている。しかし，太陽光発電の買取価格が引き下げられていることなどにより，2015 年度以降の国内出荷量は減少傾向にある（**図 1.1** 参照）。

　再生可能エネルギー導入を促進するように，2013 年には電気設備の技術基準の解釈第 281 条の改定が行われ，従来は配電用変電所における逆潮流に制約を与えていたが，逆潮流検出装置などの保護装置を設置することを条件にその制約が解除された。

〔2〕　スマートグリッドと国際標準への取り組み

　電力供給信頼度向上，地球環境問題への対応などの観点から，欧米を中心にスマートグリッドに対する取り組みがさかんに行われている。これに伴い，エネルギーに加え ICT についても巨大市場の誕生が予見され，大きなビジネス

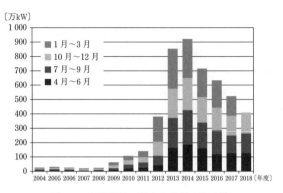

図 1.1　太陽電池の国内出荷量の推移[3]

チャンスとして期待されている。

　スマートグリッドは広範な技術・事業を包含するシステムであり，それらが相互に「つながる」ためのルールとしての標準作りはきわめて重要である。米国においてはスマートグリッドに関する標準化ロードマップが**米国国立標準技術研究所**（NIST：National Institute of Standards and Technology）により公表[4]され，IEC においても今後の対応の議論が鋭意進められている。NIST によるスマートグリッドネットワークの概念図[5]を**図 1.2** に示す。

　このような中で，経済産業省が 2009 年 8 月に「次世代エネルギーシステムに

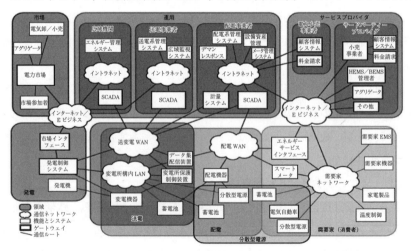

図 1.2　NIST によるスマートグリッドの情報ネットワークの概念図[5]

係る国際標準化に関する研究会」を発足させ，国際標準化にむけた「26 の重要アイテム」を特定するとともに，国際標準化への取り組みを含めた国際標準化ロードマップが取りまとめられた[6]。同研究会では，今後スマートグリッドの国際標準化を戦略的に推進するために，以下の四つの施策が示された。

① 重要アイテムの着実な国際標準化の推進

② 関連施策検討や技術開発と国際標準化活動などの一体的推進

③ 実施主体の設立の検討

④ 諸外国との連携

そして，日本工業標準調査会のスマートグリッド国際標準化戦略分科会が 2012 年 12 月に国際標準化 26 の重要アイテムを 20 の重要アイテムに見直し，担当国内審議団体などを明確にした。さらに 2016 年 1 月には，「スマートグリッド戦略専門委員会」（旧「スマートグリッド国際標準化戦略分科会」）での検討により，20 の重要アイテムから，表 1.1 に示す「18 の注力すべき領域」に見直しが行われた[7]（**図 1.3**，**表 1.1** 参照）。なお，本書では表 1.1 に対して，IEC 61850 関連の有無を付記した。

〔3〕 **電力システム改革**

東日本大震災を発端として，経済産業省の電力システム改革専門委員会は，2013 年 2 月に電力システム改革に関する報告書を取りまとめた[8]。その後，電力システムに関する改革方針が閣議決定された[9]。その目的・骨子ならびにスケジュールを図に示す[10]（**図 1.4** 参照）。電力システム改革は 3 段階に分けて実施する予定となっており，すでに，第 2 段階の電気の小売業への参入全面自由化が 2016 年に実施されている。これにより，一般家庭においても電気事業者を選べることになり，さまざまなプレーヤが参入して，価格面，サービス面での競争環境が生まれた。

第 3 段階では 2020 年 4 月に送配電部門の法的分離を行い，発電・送配電・小売の事業区分に応じた規制体系をライセンス制に移行した。

電力システム改革の進展により，電気事業をめぐる環境は大幅に変化していくことが予想される。例えば，1 本目の柱である広域系統運用の拡大では，電力

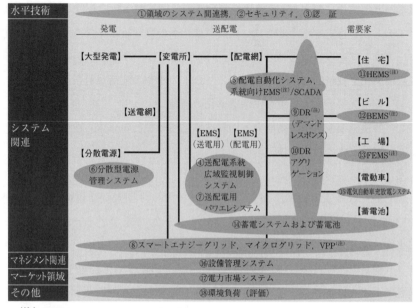

（注）EMS：energy management system
　　　VPP：virtual power plant
　　　HEMS：home energy management system
　　　BEMS：building energy management system
　　　FEMS：factory energy management system
　　　DR：demand response

図 1.3　18 の注力すべき領域[7]

表 1.1　18 の注力すべき領域と IEC 61850 との関連

区　分	注力すべき領域	IEC 61850 関連有無
1．水平技術	① 領域のシステム間連携（TC 57，通信ほか）	○
	② セキュリティ	○
	③ 認　証	○
2．システム関連	④ 送配電系統広域監視制御システム	○
	⑤ 配電自動化システム，系統向け EMS/SCADA	○
	⑥ 分散型電源管理システム	○
	⑦ 送配電用パワエレシステム	○

表 1.1　（つづき）

区　分	注力すべき領域	IEC 61850 関連有無
	⑧　スマートエナジーグリッド，マイクログリッド，VPP	○
	⑨　DR システム	○
	⑩　DR アグリゲーション	○
2. システム関連	⑪　HEMS	
	⑫　BEMS	
	⑬　FEMS	
	⑭　蓄電システムおよび蓄電池	○
	⑮　電気自動車充放電システム	○
3. マネジメント関連	⑯　設備管理システム	○
4. マーケット領域	⑰　電力市場システム	
5. その他（中長期の検討項目）	⑱　環境負荷（評価）	

（注）JISC スマートグリッド戦略専門委員会　報告書（2016 年 1 月）をもとに作成

Ⅰ. 電力システム改革の三つの目的	Ⅱ. 電力システム改革の3本柱
1. 安定供給を確保する。 2. 電気料金を最大限抑制する。 3. 需要家の選択肢や事業者の事業機会を拡大する。	1. 広域系統運用の拡大。 2. 小売および発電の全面自由化。 3. 法的分離の方式による送配電部門の中立性の一層の確保。

Ⅲ. 電力システム改革の3段階の実施スケジュール

電力システム改革を以下の3段階に分け，各段階で課題克服のための十分な検証を行い，その結果を踏まえた必要な措置を講じながら，改革を進める。

	実施時期	法案提出時期
【第1段階】 広域系統運用機関（仮称）の設立	平成 27 年（2015 年）を目途に設立	平成 25 年（2013 年）11 月 13 日成立（※第 2 段階，第 3 段階の実施時期・法案提出時期，留意事項を規定）
【第2段階】 電気の小売業への参入の全面自由化	平成 28 年（2016 年）を目途に実施	平成 26 年（2014 年）6 月 11 日成立
【第3段階】 法的分離による送配電部門の中立性の一層の確保，電気の小売料金の全面自由化	平成 30 年から平成 32 年まで（2018 年から 2020 年まで）を目途に実施	平成 27 年（2015 年）通常国会に法案提出することを目指すものとする

図 1.4　電力システムに関する改革方針の全体像[10]

広域的運営推進機関の創設により，全国的な需給調整がなされる。2本目の柱である小売および発電の全面自由化では，多くの電気事業者参入によって価格競争が激化する中においても，安定供給を担保する必要がある。3本目の柱である法的分離の方式による送配電部門の中立性の一層の確保では，送配電部門は規制部門として，中立性を確保するためのルール整備や監視が必要となる[10),11)]。

〔4〕　電力ネットワーク設備の高経年化

電力ネットワーク設備とは，発電所から家庭や工場などの需要家の間を結んで電気を流通させる送電，変電，配電といった電力ネットワークを構成する設備の総称をいう。電気は貯蔵が困難であることから，つねに需要と供給のバランスをとる必要があり，そのため電力ネットワーク設備はつねに最大電力需要に対応できるように備えなければならない。わが国の電力ネットワーク設備は，戦後の復興や高度経済成長とともに年々増加する最大電力需要に対応できるよう拡充されてきた。しかし，昨今の人口の減少や省エネの進展などを鑑みれば，将来の最大電力需要は増加傾向にないと思われる。このため，今後設備拡充・増強は行われないことが想定され，ゆえに電力ネットワーク設備の高経年化・老朽化は，着実に進行すると考えられる。

電気事業者にとっては，高経年設備の増加と新設設備の減少は，原価償却費の減少となるものの，設備補修費用の増加を招く恐れがある。さらには，設備

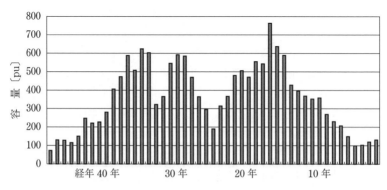

図 1.5　変圧器の経年分布（22 kV 以上）[13)]

が高度経済成長期に大量に導入されているため，設備ごとの経年分布に基づいて更新工事を実施してしまうと，費用が特定の時期に集中してしまうことが懸念される[12),13)]。一例として，変電所の主要設備である変圧器の経年分布を**図1.5**に示す。このため，設備稼働率や故障頻度など過去のデータに基づいた設備更新を検討する必要がある。

1.2.2　変電所保護制御システムの現状

前項では，電力ネットワークを取り巻く環境変化について述べた。本項では，これら環境の変化に今後対応する必要があるシステムのうち，IEC 61850がおもな対象としている変電所保護制御システムについて，現状を概観する。変電所保護制御システムは，変電所監視制御システムと保護リレーシステムから構成され，それぞれについて以下に説明する。また，給電・制御所システムとの関係についても説明する。

変電所監視制御システムは，電力ネットワークの切替を行うための遮断器などの開閉制御，系統電圧の調整制御，系統運用状態表示による監視・計測など，変電所の監視操作機能を有する。また，給電・制御所からの監視操作機能や，電力設備の自動制御，故障部位の自動復旧，運転・保守支援などの機能を備えている。加えて，各機能を実現する監視制御盤，**遠方監視制御装置**（TC：tele-control equipment），自動復旧装置，変圧器負荷時タップ自動切換制御装置，記録装置，ITV（industrial television）などさまざまな装置（盤）により構成されている。

保護リレーシステムは，電力ネットワーク内に発生した短絡や地絡事故などの異常状態をすみやかに検出して事故を除去し，公衆の安全確保・事故設備の損傷軽減と系統の安定運転継続をはかるための機能を備えている。

保護リレーシステム，変電所監視制御システムの各役割について説明する[14)]。**図1.6**ではA変電所−B変電所間の送電線事故の例を通して事故発生時の変電所保護制御システムの挙動を示す。発生した事故が，保護リレーシステムにより高速で事故除去されたのち（図中[1]〜[3]），変電所監視制御システム

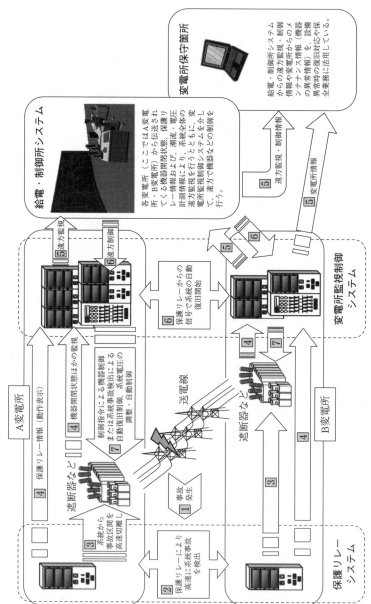

図 1.6 事故発生時の変電所保護制御システムの挙動[14]

給電・制御所システム

各変電所（ここではA変電所・B変電所）から伝送されてくる機器開閉状態、保護リレー情報および、潮流・電圧計測情報により、系統全体の遠方監視を行うとともに、変電所監視制御システムを介して、遠方で機器などの制御を行う。

5 遠方監視

6 遠方制御

変電所保守箇所

給電・制御所システム、制御所の遠方監視・制御所や変電所からのメンテナンス情報（機器の異常情報）、設備の復旧対応や保全業務に活用している。

5 遠方監視・制御情報

5 変電所情報

A変電所

4 保護リレー情報（動作表示）

4 機器開閉状態ほかの監視

制御指令による機器制御または系統事故検出による自動復旧制御、系統電圧の調整・自動制御

7 系統から事故区間を高速切離し

3 遮断器など

送電線

1 事故発生

6 保護リレーからの系統の自動復旧開始

変電所監視制御システム

4

7

B変電所

遮断器など

3

保護リレー
システム

3 保護リレーにより系統区間を高速に系統事故を検出

2 保護リレーにより高速に系統事故を検出

により得られた変電所の情報が，給電・制御所システムを介して，給電・制御所の運転員ならびに変電所保守箇所の保守員に通知され（図中④，⑤），運転員は電力ネットワークの状態を把握して復旧方針を判断する。

その後，電力ネットワークを適切な状態に回復するため，運転員は給電・制御所システムから変電所監視制御システムを介して，電力ネットワークの切替などの復旧操作を実施する（図中⑥，⑦）。変電所監視制御システムおよび給電・制御所システムは，運転員による判断・運用や，運転員が行う操作など，その一部の機能を自動化しているものであり，動作するまでの時間は秒単位と比較的長い。これに対して，保護リレーシステムでは，事故除去機能に加え事故波及を防止する機能などを実現するため，人間系による対応では困難なミリ秒単位の時間で動作することが求められる。

1.2.3 変電所保護制御システムにおける課題

ここまでに，電力ネットワークを取り巻く環境の変化と変電所保護制御システムの現状について述べた。本項では，こうした変化と現状を踏まえ，変電所保護制御システムには，どういった課題があるかを述べる。

電力を取り巻く環境は，「太陽光発電の大量導入」，「スマートグリッドと国際標準への取り組み」，「電力システム改革」そして「電力ネットワーク設備の高経年化」という四つの流れにより大きく変化している。このため，変電所保護制御システムについても，つぎのような課題がある。

まず，第1の「太陽光発電の大量導入」については，電力ネットワークにさまざまな影響を及ぼすことが考えられる。その代表的なものとしては，① 配電系統を中心とした電圧変動・電圧上昇，② 周波数調整の困難化，③ 軽負荷期における余剰電力の発生，④ 系統事故時の太陽光発電の一斉解列に伴う需給アンバランスなどが挙げられる。この対策として，① に関しては配電線に SVC (static var compensator) をはじめとする無効電力調整装置の設置など，②，③ では電力ネットワークへの蓄電池の設置など，また ④ については太陽光発電側での**運転継続機能**（FRT：fault ride through）の強化などが必要とされ，検討

が行われている。上記の影響に対応するためには，従来の保護リレーシステムや監視制御システムについて見直しが必要である。

第2の「スマートグリッドと国際標準への取り組み」については，「次世代エネルギーシステムに係る国際標準化に関する研究会」が，今後スマートグリッドの国際標準化を戦略的に推進するために，前述した18の重要アイテム（表1.1）の着実な国際標準化の推進をはじめ四つの施策（1.2.1項〔2〕①～④）を示した。当初は，変電所構内の通信プロトコル規格として制定された IEC 61850 は，その後スマートグリッドに関わるさまざまなシステムへの適用が検討され，重要アイテムのほとんどに関連づけられた。また，海外において着実に普及・拡張が進んでおり，現時点でも規格の改訂が進んでいることから，今後 IEC 61850 準拠の製品は世界中へ広がっていくと考えられる。

スマートグリッドの構築には，供給地と需要地の双方向情報通信，全地点の高精度な時刻同期による時系列制御と計測表示情報が必要となる。そのためには，変電所保護制御システムも供給地と需要地の各機器と接続・通信できるなど高度にデジタル化される必要がある。

第3の「電力システム改革」については，これまでの電力安定供給は大規模電源による供給力確保が大前提であったが，今後は料金収入を前提にした必要な投資や調達を行うという仕組みに転換され，電力取引が活発になり系統運用の複雑化が予想される。この系統運用の複雑化に伴い，「スマートグリッドと国際標準への取り組み」で述べたような変電所保護制御システムの高度なデジタル化が必要となる。

そして，第4の「電力ネットワーク設備の高経年化」については，高度経済成長期に大量導入された変圧器，鉄塔，送電線をはじめとする数々の設備が現在も使用されており，今後劣化更新時期を迎える。設備更新には個々の設備の劣化状況や設備故障時の運用リスクを考慮した合理的な設備形成が必要であり，設備の劣化状態を検知するセンサなどを活用した保守支援機能を一層充実させること，あるいは変電所保護制御システムへの機能統合の検討を行うことが求められている。

1.3　本書の目的と内容

　本書では，今後一層の普及が想定される IEC 61850 を適用した電力ネット
ワークの変電所保護制御システムの構築にあたり，基本概要，監視制御，保護
機能をはじめとした変電所全体像とともに，ケーススタディを示した。なお，
本書は，日本型スマートグリッドの動向や今後の普及拡大が想定される IEC
61850 の動向，電力システム改革などの電力ネットワークの環境変化を踏まえ，
以下のとおりの章構成としている。

　2，3 章では「変電所保護制御システム標準 IEC 61850」として，規格体系，
論理ノードを中心にした解説を記載している。4 章では保護制御ユニットであ
る IED とエンジニアリングツールについて，5 章では監視制御システムを指す
SCADA を主として掲載している。6 章では，IEC 61850 適用のケーススタディ，
そして 7 章では，電力システムネットワークの今後の課題と将来展望について
述べる。

引用・参考文献

1)　科学技術振興機構：特集 1 国際標準はなぜ重要か，国際標準化機関が技術ロードマップ
　　を書く時代，産学官連携ジャーナル，2014 年 2 月号，https://sangakukan.jst.go.jp/
　　journal/journal_contents/2014/02/articles/1402-02-2/1402-02-2_article.html（2020.3 現
　　在）
2)　松本忍，大野照男，佐藤賢，富沢和弘：汎用型保護・制御装置（IED）の配電用変電所
　　受電回線保護，変圧器保護等への実適用について，電気学会保護リレーシステム研究
　　会，PPR-13-29，pp. 77～81（2013.9）
3)　経済産業省：エネルギー白書 2019，pp. 142～143　https://www.enecho.meti.go.jp/
　　about/whitepaper/2019pdf/whitepaper2019pdf_2_1.pdf（2019.8 現在）
4)　U.S.Department of Commerce: "NIST Framework and Roadmap for Smart Grid
　　Interoperability Standards Release 3.0", https://www.nist.gov/system/files/documents/
　　smartgrid/NIST-SP-1108r3.pdf（2020.1 現在）
5)　インプレス Smart Grid フォーラム：IEC におけるスマートグリッドの国際標準最前線
　　https://sgforum.impress.co.jp/article/498（2020.1 現在）
6)　次世代エネルギーシステムに係る国際標準化に関する研究会：次世代エネルギーシステ
　　ムに係る国際標準化に向けて，pp. 23～28（2010.1）　http://warp.da.ndl.go.jp/info:ndljp/

pid/11001630/www.meti.go.jp/report/downloadfiles/g100129d01j.pdf（2020.3 現在）

7）日本工業標準調査会 標準第二部会：スマートグリッド戦略専門委員会報告書（平成 28 年 1 月），https://www.jisc.go.jp/app/jis/general/GnrRoundList?toGnrDistributed DocumentList（2020.1 現在）

8）総合資源エネルギー調査会総合部会電力システム改革専門委員会：電力システム改革専門委員会報告書（2013.2），http://www.enecho.meti.go.jp/category/electricity_and_gas/ electric/system_reform001/pdf/20130515-1-1.pdf（2020.1 現在）

9）経済産業省資源エネルギー庁：電力システムに関する改革方針（閣議決定）（2013.4），http://www.enecho.meti.go.jp/category/electricity_and_gas/electric/system_reform002/ pdf/20130515-2-2.pdf（2020.1 現在）

10）経済産業省：電力システム改革の概要，https://www.mhlw.go.jp/file/05-Shingikai- 12602000-Seisakutoukatsukan-Sanjikanshitsu_Roudouseisakutantou/0000094529.pdf，（2019.8 現在）

11）春日淳志：電力システム改革と電気事業，情報センサ，新日本有限責任監査法人，Vol. **96**，pp. 18〜19（2014.8, 9），http://www.shinnihon.or.jp/shinnihon-library/publications/ issue/info-sensor/pdf/info-sensor-2014-08-04.pdf（2020.1.16 現在）

12）電力中央研究所：電力流通設備のアセットマネジメント，DEN-CHU-KEN TOPICS，Vol. 7，pp. 1-4（2011-06），http://criepi.denken.or.jp/research/topics/pdf/201105vol7. pdf（2020.1 現在）

13）変電所監視システム技術調査専門委員会編：変電所監視制御システム技術，第 5 章「変電所監視制御システムの将来動向と今後の課題」，電気学会技術報告，第 1203 号，図 5.1，p. 90（2010.10）

14）変電所監視システム技術調査専門委員会編：変電所監視システム技術，電気学会技術報告，第 1203 号，第 1 章「電力ネットワークにおける変電所監視制御システムの役割と位置づけ」，図 1.7，p. 8（2010-10）

第 2 章
変電所保護制御システム標準 IEC 61850 ①
― 概要と論理ノード

　本章では変電所保護制御システム標準 IEC 61850 の目的・対象・適用範囲などの概要，および論理ノード・通信サービス・エンジニアリングツール・試験仕様などの規格体系について解説する。また，変電所保護制御に必要な装置・機器の情報をモデル化した IEC 61850 の論理ノードと，それを用いた変電所保護制御システムの構成について解説する。

 ## 2.1　概　　　　要

　給電・制御所，配電・営業所および変電所保護制御システム（変電所自動化システム）に関する国際標準を**図 2.1** に示す。給電・制御所については IEC 61970，配電・営業所については IEC 61968，変電所保護制御システムについては IEC 61850 が規格化されている。給電・制御所間の通信については IEC 60870-6，給電・制御所と変電所間の通信については IEC 60870-5 および IEC 61850-90-2 が規格化されている。IEC 61850 に対しては，給電・制御所と変電所間の伝送プロトコルへの拡張や，太陽光発電，蓄電池をはじめとする分散電源，風力発電，水力発電などへの拡張が行われている。またこれらに関するセキュリティの国際標準として IEC 62351 が規定されている[1)~6)]。

　1990 年代から LSI やマイクロプロセッサ技術の進展により，デジタル化した**保護制御ユニット**（IED：intelligent electronic device）を，変電所構内ネットワークで接続した変電所保護制御システムが実用化されるようになった。これに伴い，変電所保護制御システム内の装置・機器の相互運用をはかれるようにすることが電気事業者，メーカ，標準化機関の共通の目標となった。

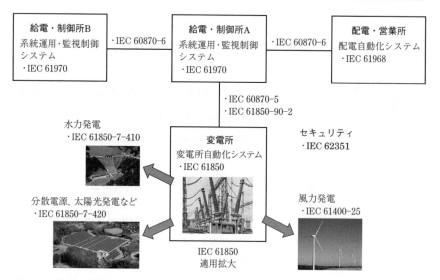

図 2.1　給電・制御所，配電・営業所および変電所保護制御システムに関する国際標準[8]

　IEC 61850 は異なるメーカの装置の相互接続を可能とするため，機能（アプリケーション）と通信方式を分離し，前者のアプリケーションに関しては，通信データと通信サービスを標準化することにより将来新たな通信方式を適用した場合でもアプリケーションを変えずに再利用できること，後者の通信方式に関しては既存のオープンなプロトコル（IEC，IEEE などで規定のプロトコル）を最大限適用することを基本的な考え方としている。また，同時にエンジニアリングツール，システム・プロジェクト管理，システムライフサイクル，品質保証まで含めた規格となっている。このような背景に従い，IEC 61850 は以下を目的にした規格としている[9]。

- 異なるメーカの装置間でのデータ交換
- 将来技術動向も考慮した性能と経済性を満たす通信規格

　上記のように，IEC 61850 の規格制定の考え方は，既存の通信規格やオープンなプロトコル（TCP/IP，Ethernet（イーサネット））などを採用して共通の通信サービスとデータを提供し，各種装置の機能相互のデータ交換ができるようにすることである。このようにすることで変電所保護制御システムの機能の

追加や柔軟な構成が可能となる。

　変電所保護制御システムにおける機能間の通信インタフェースの構成を**図 2.2** に示す。変電所保護制御システムはステーションレベル，ベイレベル，プロセスレベルから構成されている。ステーションレベルは変電所ゲートウェイ・制御卓などの機能を，ベイレベルは送電線・変圧器などの制御や計測・保護リレー装置などの機能を，プロセスレベルは CT・VT・開閉器などの機能を有する。図の矢印はこれらの機能間の通信インタフェースを示している。前記機能を実装する IED のうち，ステーションレベルならびにベイレベルはおもに屋内建屋に，プロセスレベルは変圧器，遮断器などの現地機器近傍に設置される。

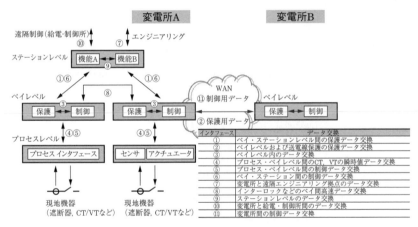

図 2.2　変電所保護制御システムにおける通信インタフェース
（IEC 61850-1　Figure 4 をもとに作成）

　IEC 61850 は，変電所保護制御システムの機能の分析整理・機能間のデータフローの分析・機能の基本単位の情報のモデル化の三つに基づいている。機能の基本単位は**論理ノード**（logical node）と呼ばれる。また，機能間のデータフローの分析により，論理ノード間のデータ交換およびそのデータ交換において必要とされる性能要求を満たす通信メッセージと**通信サービス**（ACSI：abstract communication service interface）が決められている。規格では論理

ノードの意味と形式をクラス，型，属性として規定し，論理ノードに関係する通信サービスを規定している。

　図 2.3 に IEC 61850 が提供する論理ノードと通信サービスを示す。論理ノードは保護リレー，制御，計測，遮断器，変圧器，CT，VT，センサなど変電所システムに関する装置や機器の機能に必要な情報をモデル化したものである。通信サービスは論理ノードがもつ情報をほかの論理ノードと通信メッセージを介してデータ交換するものである。具体的な通信サービスを以下に示す[14]。

- Association：通信接続・停止，接続形態，アクセス権限
- Get, Set：データアクセス
- Report, Log：監視・計測などのデータ伝送と記録
- Control：機器操作
- Setting：リレー整定
- File transfer：事故波形記録などのファイル転送
- GOOSE（generic object oriented substation event）：遮断指令，インタロッ

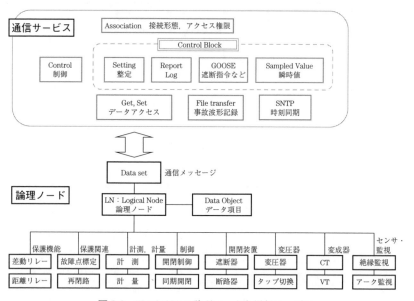

図 2.3　IEC 61850 の論理ノードと通信サービス

ク情報伝送

- Sampled Value：電流/電圧瞬時値データ伝送
- その他，時刻同期など

通信サービスに関連して IEC 61850 では，**制御ブロック**（control block）と**トリガオプション**（trigger option）機能が提供されている。制御ブロックは，定周期伝送の伝送間隔などの通信パラメータの指定と伝送対象となる通信メッセージの指定を行う。通信メッセージは，論理ノードがもつデータを必要に応じて組み合わせた data set を作り定義する。トリガオプションは，論理ノードのデータが変化した場合に Report，GOOSE などの通信サービスを利用してイベント駆動型伝送を行う。またトリガオプションを利用して定周期伝送も行うことができる。

これらの通信サービスとそれに対応する通信メッセージは，応答性（性能要求），信頼性などにより以下のタイプに分類され，それぞれの要求仕様が規定されている[11]。

- type 1A：　遮断指令などの高速メッセージ
- type 1B：　インタロックなどの準高速メッセージ
- type 2：　計測などの中速メッセージ
- type 3：　リレー整定などの低速メッセージ
- type 4：　電流/電圧の瞬時値データ
- type 5：　事故波形記録などのファイル転送
- type 6：　遮断器・断路器などの操作指令

また IEC 61850 では，前述のとおり，既存のオープンなプロトコルを適用するコンセプトとしているため，ACSI を特定の通信プロトコルに対応させるためのマッピング（対応づけ）方式が，**特定通信サービスマッピング**（SCSM：specific communication service mapping）として規定されている[19),20)]。

ACSI と SCSM のコンセプトにより，IEC 61850 は，異なるメーカの装置間における相互接続を可能とし，さらに，将来の新しい通信プロトコルの適用に対しても，アプリケーションや ACSI を変更せずに，SCSM を新たに規定すること

で対応可能とすることを目指している。

IEC 61850 で規定されている SCSM を**図 2.4** に示す。ここでは先述の通信タイプに応じて，高速性の要求される通信サービスは Ethernet プロトコル，中低速の通信サービスは IP プロトコルへのマッピングを規定している。また系統安定化システム（WAMPAC）などの高速広域通信のために UDP/IP ベースの R-GOOSE（routable-GOOSE）および R-SV（routable sampled value）の拡張が行われている[22]。

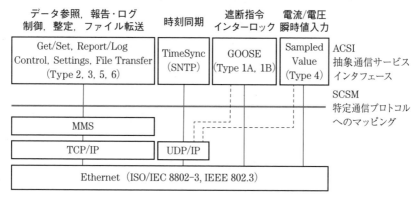

図 2.4　IEC 61850 にて規定されている SCSM
（IEC 61850-8-1　Figure 1，IEC 61850-90-5　Figure 32 をもとに作成）

IEC 61850 では送電・配電系のすべての変電所タイプを対象としている。このため変電所の規模・タイプに応じて変電所保護制御システムが利用する論理ノード，通信サービスおよび通信インタフェースを必要に応じて選択・利用することができ，要求仕様を満たすシステム構築ができる。**図 2.5** に IEC 61850 を適用した変電所保護制御システムの例を示す。標準機能をもつ装置の組み合わせにより変電所保護制御システムを構築可能であり，標準化された通信サービスを利用することで異なるメーカの装置を組み合わせた運用が可能である。なお，ステーションバスの構成にはリング，スター構成がある。

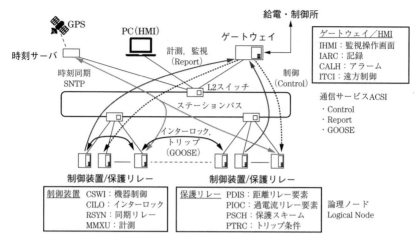

図 2.5　IEC 61850 適用変電所保護制御システム

IEC 61850 は通信だけでなく，エンジニアリングツールについても規定している[12]。**図 2.6** にエンジニアリングツールの例を示す。これらのエンジニアリングのために変電所保護制御システム構成（変電所システム仕様／通信仕様／装置仕様）を記述するための**システム構成記述言語**（SCL：system configuration description language）が規定されている。SCL は XML（extensible markup

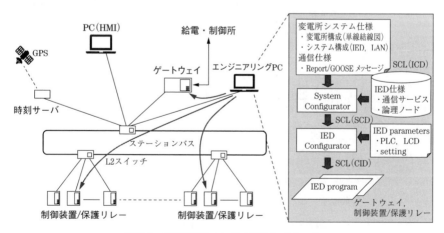

図 2.6　IEC 61850 エンジニアリングツール

language) に基づいており以下の構成記述が可能である。

- 変電所システム仕様：　変電所構成（単線結線図），システム構成（IED，LAN）
- 通信仕様：　装置間の通信接続関係，通信サービス（Report/GOOSE）
- 装置仕様：　論理ノード構成，通信メッセージ

分散電源（DER：distributed energy resource）の運用制御および電力ネットワークとの接続連系のために IEC 61850 で規定された論理ノードを分散電源分野に拡張した IEC 61850-7-420 が規格化されている[17]。IEC 61850 の分散電源制御への拡張例を**図 2.7** に示す。分散電源システムはレシプロエンジン発電（内燃機関），燃料電池，太陽光発電，**熱併給発電**（CHP：combined heat and power）などの発電設備と電気エネルギー貯蔵装置で構成されている。この分散電源システムは電力ネットワークとも接続される。分散電源プラントの通信は分散電源ユニット間の通信だけではなく遠隔のプラント管理システムおよび運用者との通信も含んでいる。この規格では，分散電源プラントの通信において IEC 61850-7-4 で規定された既存の論理ノードを，適用可能な部分は適用

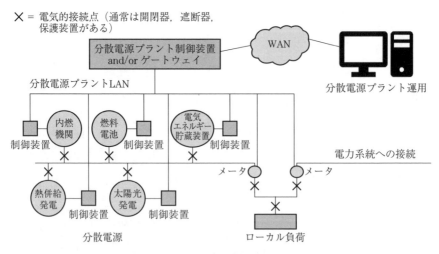

図 2.7　IEC 61850 の分散電源制御への拡張例
（IEC 61850-7-420　Figure 1 をもとに作成）

し，分散電源に特有なものは新しい論理ノードを規定している。通信サービスについては IEC 61850–7–2 のものを適用している。

2.2　標　準　体　系

IEC 61850 の標準体系のうち情報モデルと通信サービスに関する標準を**図2.8**に示す。IEC 61850 は変電所保護制御システムを対象とした情報モデルと通信サービスの標準であり，以下の標準で構成されている[9]。

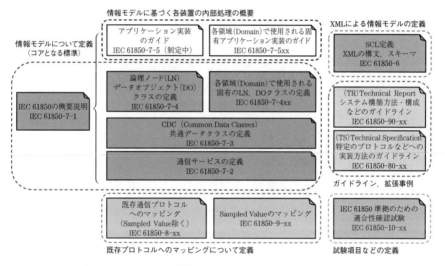

図 2.8　IEC 61850 の情報モデルと通信サービスに関する標準
（IEC 61850–1　Figure 6 をもとに作成）

以下に IEC 61850 のおもな標準について示す[9]〜[22]。

- IEC 61850–1：　導　入
- IEC 61850–2：　語　彙
- IEC 61850–3：　一般要求仕様
- IEC 61850–4：　システム・プロジェクト管理
- IEC 61850–5：　変電所保護制御システム・装置の機能のための通信要求

　　　　　　　仕様

- IEC 61850–6：　システム構成記述言語（SCL）
- IEC 61850–7–1：　基本通信構成—基本原理とモデル
- IEC 61850–7–2：　基本通信構成—通信サービス（ACSI）
- IEC 61850–7–3：　基本通信構成—共通データクラス（CDC）
- IEC 61850–7–4：　基本通信構成—論理ノードとデータクラス
- IEC 61850–8–1：　特定通信サービスマッピング—MMS，Ethernet
- IEC 61850–9–2：　特定通信サービスマッピング—Sampled Value
- IEC 61850–10：　規格適合性試験

つぎに情報モデルにおける実装ガイドラインについて述べる。

　IEC 61850–7–5xx は特定領域のアプリケーションガイドであり，IEC 61850–7–4xx はその論理ノードを規定している。IEC 61850–80–xx は追加の通信サービスマッピング技術仕様，IEC 61850–90–xx は拡張領域のアプリケーションガイド技術報告である。

　IEC 61850 の拡張として，水力発電プラント，分散電源，変電所間通信，変電所制御所間通信，変電設備監視・診断，ネットワークエンジニアリングガイドライン（プロセスバス，通信ネットワークの二重化，時刻同期），広域通信エンジニアリングガイドライン，シンクロフェーザ（synchrophasor）適用システム，分散電源のパワーコンディショナー，電気自動車などがある。

　通信サービスマッピングとしては，IEC 60870–5–101/IEC 60870–5–104，Web protocol（XMPP，XML），COSEM object model（IEC 62056）などが技術仕様として作成されている[3)~5),7)]。

　IEC 61850–6 はシステム構成記述言語（SCL）を規定している。SCL は変電所の主回路構成（単線結線図），通信情報および装置情報（論理ノード割当）の XML 記述形式を規定する[12)]。

　図 2.9 は変電所保護制御システムの構成例を示している。この例における変電所保護制御システムは，複母線構成で送電線＝E1Q1，＝E1Q3 およびブスタイ＝E1Q2 で構成され，IED はその機能に応じて配置される。例えば送電線＝

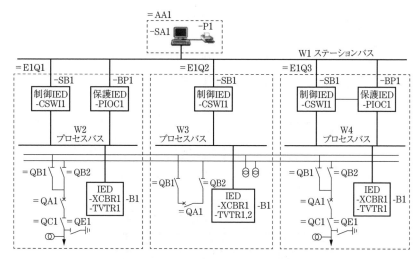

図 2.9　変電所保護制御システムの構成例
(IEC 61850–6　Figure 7 をもとに作成)

E1Q1 では，制御 IED –E1Q1SB1（図の–SB1 に接頭辞として送電線＝E1Q1 を付加したもの）の論理ノード CSWI1 は IED –E1Q1B1 の論理ノード XCBR1 を介して遮断器＝E1Q1QA1 を制御する。W1 はステーションレベルの通信ネットワーク（ステーションバス）であり，W2, W3, W4 はプロセスレベルの通信ネットワーク（プロセスバス）である。

　SCL を用いることによりシステム開発者，利用者などの関係者間で図 2.9 に示すような変電所保護制御システム仕様や装置仕様の共有および確認が行われる。

　また**図 2.10** に示すように SCL を利用したエンジニアリングツールによるシステム設計および装置設計ができるようになっている。エンジニアリングツールとしては変電所システム仕様から変電所の IED 構成，論理ノードインスタンス（個々の機器に対応する論理ノードの実装）などを作成するエンジニアリングツール（system configurator）と個々の IED の実装設定などを行うエンジニアリングツール（IED configurator）がある。これらのエンジニアリングツールで利用する SCL の種類には以下のものがある。

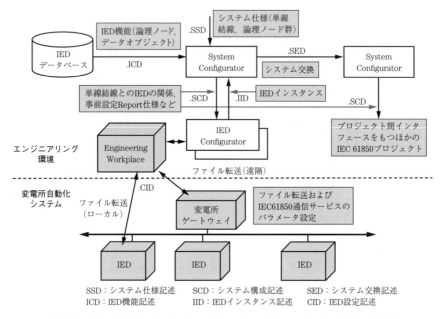

図 2.10　SCL を利用したエンジニアリングツールによるシステム設計（SCL）
（IEC 61850–6　Figure 1 をもとに作成）

- SSD（system specification description）：　システム仕様記述

  変電所の主回路構成（単線結線図），論理ノードなど

- SCD（system configuration description）：　システム構成記述

  変電所システム・IED 構成，通信設定など

- SED（system exchange description）：　システム交換記述

  ほかのプロジェクトとの接続インタフェースおよび，IED のエンジニアリ
  ング権限，所有プロジェクトの記述

- ICD（IED capability description）：　IED 実装機能記述

  IED タイプごとの論理ノード，データオブジェクトなど

- IID（instantiated IED description）：　IED インスタンス記述

  変電所の主回路構成に対応した論理ノード構成，およびプロジェクトに対
  応した論理ノード，制御ブロック設定など

- CID（configured IED description）：　IED 設定記述

IED の通信設定，入出力信号との対応づけなど

IEC 61850–10 は規格適合性試験について規定している。これは IED が IEC 61850 に準拠した製品であるか否かを試験する方案・仕様を規定したものである[21]。IED の規格適合性試験は，認証機関によって行われている。IEC 61850 準拠の IED を組み合わせた変電所保護制御システムのシステム試験，機能試験，性能試験などについては現在規格化が進められている。

図 2.11 に保護リレーなどの IED をサーバデバイスとした試験システムの構成例を示す。試験装置（クライアント模擬・GOOSE 模擬）により被試験装置であるサーバデバイスの試験を行い，試験対象に対して試験装置（信号発生器）から電流・電圧（CT，VT）信号，遮断器などの信号を入出力する。また，プロトコルアナライザで通信応答が規格に準拠しているか否かの評価を行う。

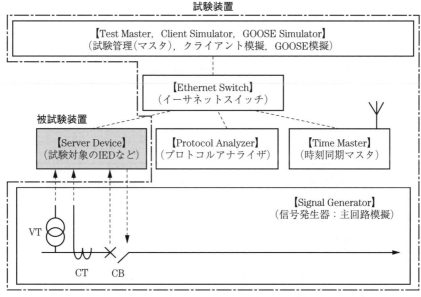

図 2.11 IED 試験システムの構成イメージ
（IEC 61850–10　Figure 3 をもとに作成）

図 2.12 にクライアントの試験システム構成を示す。基本的な構成は IED（サーバ）の場合と同様であるが，**被試験装置がクライアントであるため複数**

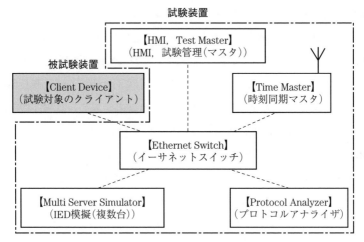

図 2.12　クライアント試験システムの構成イメージ
(IEC 61850-10　Figure 4 をもとに作成)

の IED（サーバ）模擬を用いる。

IED（サーバ）およびクライアントの試験仕様は以下に示すとおりである。

①　ドキュメントとバージョン管理（IEC 61850-4）

②　システム構成記述ファイル（IEC 61850-6）

③　論理ノード（IEC 61850-7-4, IEC 61850-7-3）

④　通信サービス実装（IEC 61850-7-2）

　　　　─application association

　　　　─server, Logical device, Logical node, Data, and Data Attribute model

　　　　─data set model

　　　　─service tracking

　　　　─substitution model

　　　　─setting group model

　　　　─unbuffered report control model

　　　　─buffered report control model

　　　　─log control model

　　　　─GOOSE control block model

　　　　─sampled value model

　　　　─control model

—time and time synchronisation model

—file transfer model

 ## 2.3 IEC 61850 に基づいたシステム開発手順

　システムの開発は，一般的に**図 2.13** に示す V 字型モデルで行われる。IEC 61850 を適用する場合の変電所保護制御システムの開発手順および関係する IEC 61850 規格を図中に示す。開発手順としては最初の要求定義でどのような変電所保護制御システムとするか，すなわち変電所規模，機能，性能などの要求仕様を決める。この要求仕様に基づいてシステム設計を行い，システム構成，**通信ネットワーク**（LAN：local area network），IED や必要とされる論理ノードなどを決定する。設計と実装では IEC 61850 における物理装置，論理装置，論理ノード配置などを具体的に決める。単体，結合テストでは論理ノード間の処理フローや装置のアプリケーションと組み合わせて機能・動作の確認を行う。システムテストでは，システム全体の機能，応答性能などの試験を行

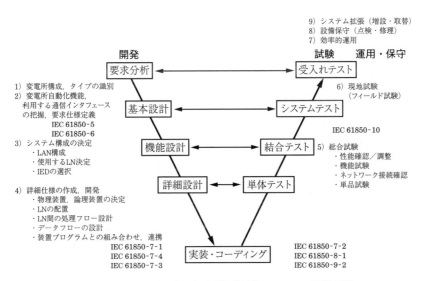

図 2.13 IEC 61850 適用変電所保護制御システムの開発手順

う。運用，保守の段階に入ってからは必要に応じて機器の増設，機能追加などのシステム拡張を行う。

要求定義の段階では対象とする変電所の規模，送配電の種類に応じて，使用する通信インタフェースや機能を決める。

規格では変電所の規模・種類について以下のように分類している[11]。

- T1:　　小規模送電用変電所（10回線程度の変電所）
- T2:　　大規模送電用変電所（10回線以上の変電所）
- D1:　　小規模配電用変電所（5回線程度の変電所）
- D2:　　中規模配電用変電所（20回線程度の変電所）
- D3:　　大規模配電用変電所（20回線以上の変電所）

図 2.14 に大規模送電用変電所および中規模配電用変電所の例を示す。また，変電所規模・種類に対応して使われる機能（論理ノード）を**表 2.1** に示す。

例えば，大規模送電用変電所（T2）は，10回線以上からなり電力ネットワークにおいて重要な位置を占めている。また，「複母線，変圧器から構成される」，「後備保護や2系列保護を行う」，「自動復旧（再閉路）を含む」，「事故記録や開閉器の制御やインタロック機能，ステーションレベルにおけるフルグラフィックの HMI（human machine interface）をもつ」などの特徴がある。

中規模配電用変電所（D2）は，20回線程度からなり，2電圧階級，単母線，変圧器で構成される。ステーションレベルは全機能 HMI，全スイッチギアの制御，警報は集合表示器ではなく個別表示器を備える。計測は母線電圧，三相フィーダ電流，有効・無効電力などを含む。母線構成は運用により変化する。また，自動復旧（再閉路）などの特殊機能が使われる場合がある。

変電所保護制御システムの冗長性および図 2.2 に示した通信インタフェースなどについては，変電所の構成・規模に応じて決める必要がある。

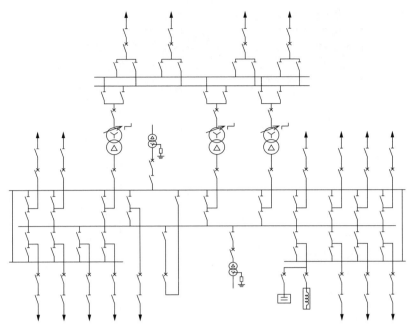

（a）T2：大規模送電用変電所の例

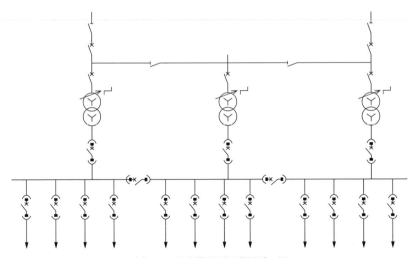

（b）D2：中規模配電用変電所の例

図 2.14 変電所規模と種類

表 2.1　変電所保護制御システムに関係する論理ノードの例

変電所設備・機　能	変電所タイプ		論理ノード
	T	D	
主回路機器・関連装置			
変圧器	○	○	YPTR
タップ切換器	○	○	YLTC
遮断器	○	○	XCBR
断路器，接地断路器	○	○	XSWI
CT	○	○	TCTR
VT	○	○	TVTR
変圧器状態監視	○	○	SPTR
遮断器状態監視	○	○	SCBR
保護・関連装置			
過電流リレー	○	○	PTOC
距離リレー	○		PDIS
差動保護リレー	○	○	PDIF
自動復旧（再閉路）	○		RREC
フォルトロケーター	○		RFLO
同期検定	○		RSYN
監視・制御・計測			
遠隔監視制御装置	○	○	ITCI
監視制御装置	○	○	IHMI
開閉器制御	○	○	CSWI
開閉位相極制御	○		CPOW
変圧器タップ自動制御	○	○	ATCC
計　測	○	○	MMXU
汎用入出力	○	○	GGIO

　　T：送電用変電所の例　　　　D：配電用変電所の例

　システム設計段階では変電所機能に対応して必要な論理ノードを決める。

　表 2.2 に示すとおり，論理ノード名称は装置や機能などにより分類され最初の文字が決められている。変電所保護制御システムに関係するおもな論理ノー

表 2.2　論理ノードグループ
（IEC 61850-7-1　Table 1 をもとに作成）

Group	名　称	概　要
A	Automatic control	自動制御
C	Control	制　御
D	DER（distributed energy resources）	分散電源
F	Function blocks	機能ブロック
G	Generic references	汎用機能
H	Hydro power	水力発電
I	Interfacing and archiving	インタフェースとアーカイブ（記録保存）
K	Mechanical and non-electrical primary equipment	非電気的機器
L	System logical nodes	システム
M	Metering and measurement	計量および計測
P	Protection functions	保護機能
Q	Power quality events	電力品質
R	Protection related function	保護関連機能
S	Supervision and monitoring	状態監視
T	Instrument transformers and sensors	計器用変成器およびセンサ
W	Wind power	風力発電
X	Switchgear	開閉装置
Y	Power transformers	変圧器
Z	Further power system equipment	その他機器

ドを**表 2.3** に示す。なお，表 2.3 の中の日本語表記は，筆者らの解釈による意訳である。また，論理ノードについては次章に詳述する。

表 2.3　変電所保護制御システムのおもな論理ノード

Category （カテゴリ）	Class （クラス）	Compatible Logical Node	Description （説明）
System LNs（システム LN）			
	System Logical Nodes LN Group：L（システム用論理ノード）		
		LPHD	Physical device information（物理装置の情報）
		Common LN	common logical node （共通論理ノード：すべての論理ノードに共通するデータオブジェクトが定義されている。これらのデータオブジェクトはすべての論理ノードに実装されるが，オプション指定のデータオブジェクトもあるため，必要なものだけが実装される）
		LLN0	Logical node zero （論理ノードゼロ：論理装置に関する情報を取り扱うための論理ノード）
Plant Level（変電所全体）			
	Interfacing and archiving LN Group：I（インタフェースと記録）		
		IARC	Archiving（記録保存）
		IHMI	Human machine interface（ヒューマンインタフェース）
		ITCI	Telecontrol interface（遠隔制御インタフェース）
		ITMI	Telemonitoring interface（遠隔監視インタフェース）
Unit/Bay（ユニット／ベイ）			
	Control LN Group：C（制御機能）		
		CALH	Alarm handling（警報処理）
		CCGR	Cooling group control（クーラ制御）
		CILO	Interlocking（インタロック）
		CPOW	Point-on-wave switching（開閉極位相制御）
		CSWI	Switch controller（開閉器制御）
	Protection functions LN Group：P（保護機能）		
		PDIF	Differential（差動）
		PDIR	Direction comparison（方向比較）
		PDIS	Distance（距離）
		PFRC	Rate of change of frequency（周波数変化率）
		PHIZ	Ground detector（高抵抗接地系地絡検出）
		PIOC	Instantaneous overcurrent（瞬時過電流）
		PSDE	Sensitive directional earthfault（非接地系地絡方向）
		PTOC	Time overcurrent（定限時／反限時過電流）
		PTOF　PTUF	Overfrequency/Underfrequency（過/不足周波数）
		PTOV　PTUV	Overvoltage/Undervoltage（過/不足電圧）
		PTRC	Protection trip conditioning（トリップ条件）
		PVOC	Voltage controlled time overcurrent（電圧抑制付過電流）
	Protection related functions LN Group：R（保護関連機能）		
		RDRE	Disturbance recorder function（オシロ機能）
		RBRF	Breaker failure（遮断器不動作時の保護）
		RFLO	Fault locator（フォルトロケータ）
		RREC	Autoreclosing（自動再閉路）
		RSYN	Synchronism-check（同期検定）
	Automatic control LN Group：A（自動制御機能）		
		ARCO	Reactive power control（無効電力制御）
		ATCC	Automatic tap changer controller（自動タップ切換制御）
		AVCO	Voltage control（電圧制御）

表 2.3 （つづき）

Category (カテゴリ)	Class (クラス)	Compatible Logical Node	Description (説明)
Unit/Bay （ユニット／ベイ）			
	Metering and measurement LN Group：M（計測機能）		
		MHAI	Harmonics or interharmonics（高調波計測）
		MMTR	Metering（計量）
		MMXU	Measurement（計測）
		MMET	Meteorological information（気象情報計測）
Process/Equipment Level （プロセス/機器）			
	Power transformers LN Group：Y（電力用変圧器）		
		YEFN	Earth falt neutralizer（Petersen coil）（消弧リアクトル）
		YLTC	Tap changer（タップ切換器）
		YPSH	Power shunt（シャントリアクトル）
		YPTR	Power transformer（電力用変圧器）
	Switchgear LN Group：X（開閉機器）		
		XCBR	Circuit breaker（遮断器）
		XSWI	Circuit switch（断路器）
	Instrument transformers LN Group：T（計器用変成器）		
		TCTR	Current transformer（変流器）
		TVTR	Voltage transformer（計器用変圧器）
	Sensors and monitoring LN Group：S（センサと監視）		
		SIMG	Insulation medium supervision（gas）（絶縁ガス監視）
		SIML	Insulation medium supervision（liquid）（絶縁油監視）
		SPDC	Monitoring and diagnostics partial discharges（部分放電監視）
	Further power system equipment LN Group：Z（その他の電力機器）		
		ZAXN	Auxiliary network（所内系統）
		ZBAT	Battery（バッテリ）
		ZCON	Converter（コンバータ）
General Use （汎用）			
	Generic references LN Group：G（汎用）		
		GGIO	Generic process I/O（汎用プロセス I/O）

　図 2.15 に変電所保護制御システム機能に対応した論理ノード構成の概要を示す[11]。図(a)は遮断器や変圧器などの状態監視や機器監視，図(b)は電流，電圧などの瞬時値入力やそれらをもとに計算される各種の計測・計量，図(c)は同期検定および開閉器制御や変圧器のタップ制御，図(d)は距離リレーによる保護をそれぞれ示している。

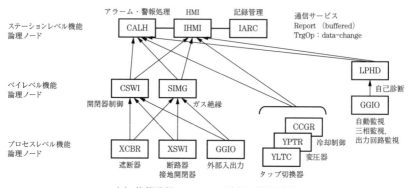

(a) 状態監視，システム監視，機器監視

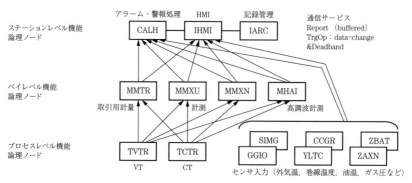

(b) 計測・計量

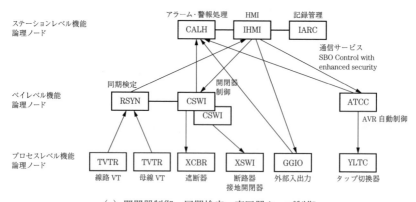

(c) 開閉器制御，同期検定，変圧器タップ制御

図 2.15 変電所保護制御システム機能に対応した論理ノード構成
（IEC 61850–5 Figure 7〜12 をもとに作成）

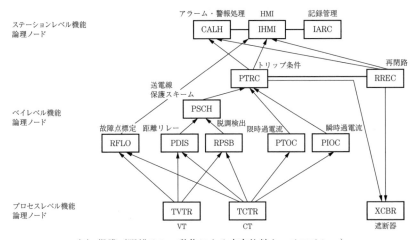

(d) 保護（距離リレー動作による方向比較キャリアリレー）

図 2.15　（つづき）

変電所保護制御システムの一般的な構成例を**図 2.16** に示す[18]。ステーショ
ンレベルでは変電所全体の監視制御を行うための HMI と上位の制御との連携
を行うゲートウェイがある。ベイレベルには制御装置と保護装置がある。プロ
セスレベルには，CT，VT 入力，遮断器トリップ（遮断器が保護リレーなどに
より開路すること），変圧器制御などの機器制御や状態入力のプロセスインタ

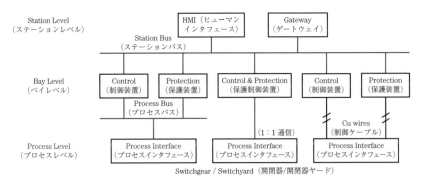

図 2.16　変電所保護制御システム構成例
（IEC 61850-7-500　Figure 1 をもとに作成）

フェースがある。ステーションレベルとベイレベルの連携はステーションバス
を介して行う。ベイレベルの装置とプロセスレベルの連携については図 2.16 に
示すように，「制御ケーブルによる直接接続」と「一対一の通信接続」と「プロ
セスバス通信」の 3 種類がある。

　現在は制御ケーブルによる直接接続が一般的に使われている。プロセスバス
による通信は高速大容量が必要とされ，さらに変電所機器近傍に設置されるた
め，高電圧・高磁界・屋外など耐環境性が求められるので実用化するには技術
的な課題が多い。これらが解決されれば今後はプロセスバスによる通信の方式
に移行していくであろう。

　図 2.17 は**開閉極位相制御**（point-on-wave switching）の実装形態の例を示し
たものである [18]。開閉極位相制御とは，遮断器は遮断器極間の再発弧により遮
断器主接点の消耗量の増加や過大な再発弧過電圧が発生する恐れがあるため，
系統電圧または電流の特定位相において遮断器を開閉することにより遮断器開
閉時の過電圧・過電流を抑制する制御を行うものである。図(a)は同期開閉の
全機能を一つの IED1 に実装したもので，CT，VT 位相を監視し（TVTR,
TCTR, CPOW），他系統との同期をした時点（RSYN）で同期投入を行う
（CSWI, XCBR）。図(b)は CT，VT 入力をマージングユニット IED2 で分離して
行った実装である。図(c)は CT，VT 入力をマージングユニット IED2 で行い，
遮断器開閉は IED3 で行った実装としている。IED3 では遮断器の接点・動作・
絶縁などの監視も行っている（SCBR, SOPM, SIMG）。同期開閉装置 IED1 と
IED2，IED3 はプロセスバスで接続され電流電圧瞬時値入力や，遮断器投入指
令などが通信により行われる。コンデンサバンクやシャントリアクトル開閉に
は，開閉極位相制御 CPOW の論理ノードを適用する。

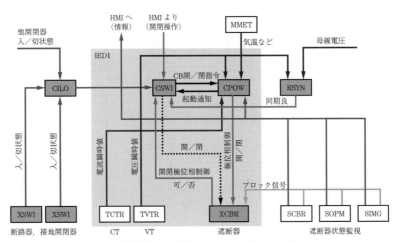

(a) 同期開閉の全機能を IED1 に実装した例

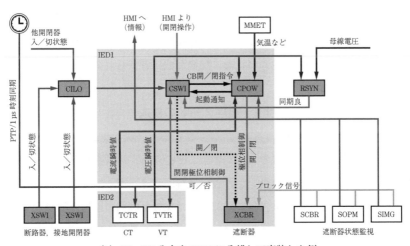

(b) CT, VT 入力を IED2 に分離して実装した例

■：制御, 開閉盤などの論理ノード
□：CT, VT, 機器監視などの論理ノード

図 2.17 開閉極位相制御の実装形態の例
(IEC 61850-7-500　Figure 33, 34, 35 をもとに作成)

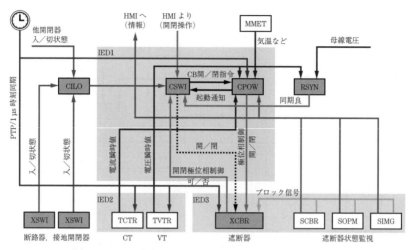

（c）CT，VT 入力を IED2，遮断器開閉を IED3 で実装した例

：制御，開閉盤などの論理ノード

：CT，VT，機器監視などの論理ノード

図 2.17　（つづき）

　以上のように IEC 61850 では目的・用途に応じた装置構成とすることができるように，論理ノードは任意の装置に配置可能に考えられている。

2.4　論理ノードの構成

　変電所保護制御システムの装置・機器は IEC 61850 では**図 2.18** のようにモデル化される。IED などの物理的な装置・機器はサーバとしてモデル化される。サーバは複数の論理装置を含む。図 2.18 では保護と制御の論理装置が含まれる例を示している。論理装置はその機能に対応した複数の論理ノードを含んでいる。

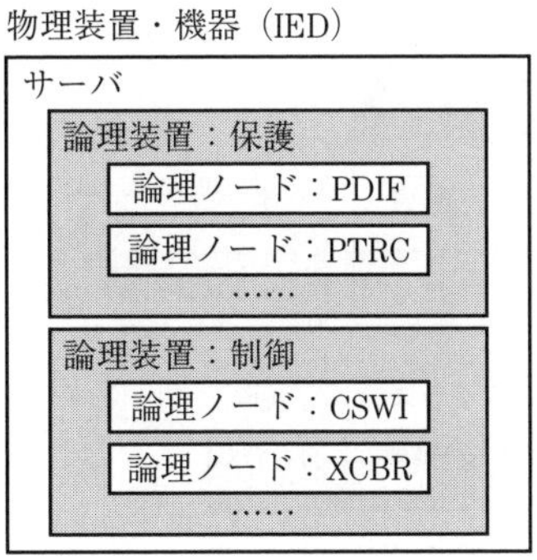

物理装置・機器（IED）

図 2.18 IEC 61850 における装置・機器のモデル化

　図 2.19 に論理ノードの構成を示す[14)~16)]。論理ノードは装置の機能に必要な情報を**データオブジェクト**（DO：data object）として定義している。データオブジェクトは状態情報，計測・計量情報，制御，整定（設定）などに分類されて定義される。個々のデータオブジェクト定義には，図 2.19 に示すように**共通データクラス**（CDC：Common data class），**説明**（Explanation），**ワンショット情報**（FALSE から TRUE 時のみ検出・レポート通知，transient data objects），**実装条件**（必須・オプション・条件つき，M：mandatory/O：option/C：conditional）が記載されている。

　データオブジェクトのデータ構成を指定する共通データクラスは，そのデータ項目を示す**データ属性**（DA：data attribute）とその**データ型**（type），**データ種別**（FC：functional constraint），**トリガオプション**（TrgOp：trigger option），**取り得る値・範囲**（value/value range），**実装条件**（必須・オプション・条件つき，M/O/C）を指定する。トリガオプションはデータ項目の値や品質の変化（イベント）を検出するための指定である。これを用いて 3 章で後述するレポート通信サービスにより必要な箇所にイベント情報を通知することができる。

　データ型（Type）には以下のものがある：

- 整数型・浮動小数点数型・論理型などの**基本データ型**（basic type）
- アナログ値，範囲・閾値，パルス，ベクトルなどの**複合データ型**（con-

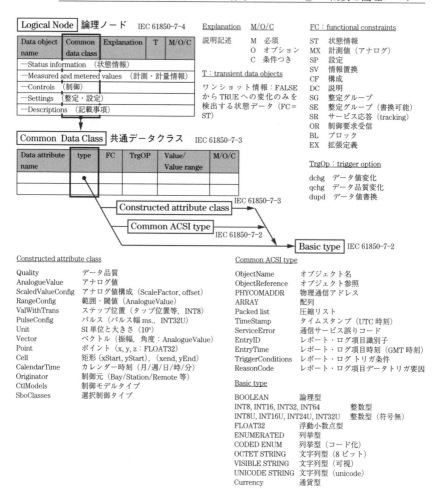

図 2.19 論理ノードの構成

structed attribute class)

- おもに通信サービスの制御ブロック（control block）を構成するデータオ
  ブジェクトの定義に用いられる共通通信サービス型（common ACSI type）

2.4.1　論理ノード（LN：logical node）

〔1〕　システム論理ノード LLN0

共通論理ノード（Common LN）は以降に示す論理ノードで共通に使われるデータオブジェクトを定義しており，以下のものがある。

- Health：論理ノードの正常/異常状態（Ok | Warning | Alarm）
- Beh，Mod：論理ノードの動作モードの状態，制御（on | on-blocked | test | test/blocked | off）
- Blk，CmdBlk：論理ノードの出力ブロックの状態，制御

LLN0（logical node zero）は，論理装置の共通情報を規定している。LocKey，Loc，LocSta は遠隔・現場操作の状態・指定を示している（TRUE：現場，FALSE：遠隔）。LLN0 がもつデータオブジェクトを**表2.4**に示す。

表2.4　LLN0 のデータオブジェクト（IEC 61850-7-4　5.3.4 をもとに作成）

LLN0 class				
Data object name（データオブジェクト名称）	Common data class（共通データクラス）	Explanation（説　明）	T（ワンショット情報）	M/O/C（必須/オプション/条件つき）
Data Object（データオブジェクト）				
Status Information（状態情報）				
OpTmh	INS	Operation time（稼働時間）		O
LocKey	SPS	Local operation for complete logical device（遠方／直接制御の切替スイッチの状態）		O
Loc	SPS	Local control behaviour（論理ノードの遠方／直接制御の状態）		O
Controls（制　御）				
LocSta	SPC	Switching authority at station level（変電所設備の遠方／直接制御の切替）		O
Diag	SPC	Run diagnostics（自動監視実行）		O
LEDRs	SPC	LED reset（LED リセット）	T	O
Settings（整定・設定）				
GrRef	ORG	Reference to a higher level logical device（上位レベルの論理デバイス参照）		O
MltLev	SPG	Select mode of authority for local control（True − control from multiple levels is allowed, False − no other control level allowed）（現地制御の制御権選択：True—複数レベルによる制御，False—単一レベルによる制御）		O

〔2〕 保護機能論理ノード　PDIF, PTRC

PDIF（Differential）は電流差動保護に用いられる。動作電流，動作時間，動作特性カーブなどの設定が可能であり，動作状態，差動電流などの情報を保持する。PDIFがもつデータオブジェクトを**表2.5**に示す。

表2.5　PDIFのデータオブジェクト（IEC 61850-7-4　5.11.2をもとに作成）

PDIF class				
Data object name（データオブジェクト名称）	Common data class（共通データクラス）	Explanation（説　明）	T（ワンショット情報）	M/O/C（必須/オプション/条件つき）
LNName	論理ノードインスタンス名（IEC 61850-7-2　22 参照）			
Data Object（データオブジェクト）				
Status Information（状態情報）				
Str	ACD	Start（検知スタート）		O
Op	ACT	Operate（動作）	T	M
TmAst	CSD	Active curve characteristic（カーブ特性）		O
Measured and metered values（計測と計量）				
DifAClc	WYE	Differential current（差動電流値）		O
RstA	WYE	Restraint current（抑制電流値）		O
Controls（制御）				
OpCntRs	INC	Resettable operation counter（リセット可能な動作カウンタ）		O
Settings（整定・設定）				
LinCapac	ASG	Line capacitance（for load currents）（送電線静電容量：負荷電流用）		O
LoSet	ASG	Low operate value, percentage of the nominal current（整定値（小電流領域），公称電流値のパーセント）		C
HiSet	ASG	High operate value, percentage of the nominal current（整定値（大電流領域），公称電流値のパーセント）		C
MinOpTmms	ING	Minimum operate time（最小動作時間）		O
MaxOpTmms	ING	Maximum operate time（最大動作時間）		O
RstMod	ENG	Restraint mode（抑制モード：二次高調波，五次高調波など）		O
RsDlTmms	ING	Reset delay time（遅延時間のリセット）		O
TmACrv	CURVE	Operating curve type（動作カーブの型）		O
TmAChr33	CSG	Multiline curve characteristic definition（複数の動作カーブ特性定義）		O

条件C：これらのデータオブジェクトは条件つきであり，使用される場合は一つのデータオブジェクトのみが適用される。
注意：TmAChr33 は，TmACrv.setCharact = 33 などの属性を参照する。

PTRC（protection trip conditioning）はPDIFなどの保護機能と組み合わせて遮断器をトリップするために用いられている。**単相トリップ，三相トリップ**（TrMod），**トリップ指令出力時間**（TrPlsTmms）の設定が可能である。PTRCがもつデータオブジェクトを**表2.6**に示す。

表 2.6 PTRC のデータオブジェクト（IEC 61850-7-4　5.11.23 をもとに作成）

PTRC class				
Data object name （データオブ ジェクト名称）	Common data class （共通データ クラス）	Explanation （説　明）	T （ワンショット 情報）	M/O/C （必須/オプション/ 条件つき）
LNName	論理ノードインスタンス名（IEC 61850-7-2　22 参照）			
Data Object（データオブジェクト）				
Status Information（状態情報）				
Tr	ACT	Trip（トリップ）		C
Op	ACT	Operate（combination of subscribed Op from protection functions） （各保護機能から受信する Op の組み合わせによる動作状態）		C
Str	ACD	Start（combination of subscribed Str from protection functions） （検知スタート：各保護機能から受信する Str の組み合わせ）		O
Controls（制御）				
OpCntRs	INC	Resettable operation counter（リセット可能な動作カウンタ）		O
Settings（整定・設定）				
TrMod	ENG	Trip mode（トリップモードの設定：単相トリップ/三相トリップ）		O
TrPlsTmms	ING	Trip pulse time（トリップ指令出力時間）		O

条件 C：少なくとも（Tr, Op）のどちらか一つは使用する。

〔3〕 制御，遮断器論理ノード　CSWI, CPOW, XCBR, SCBR

CSWI（switch controller）は遮断器などの**選択制御**（SBO：select before operate）を行うための論理ノードである。なお，開閉極位相制御（CPOW）がある場合は併用して用いる。CSWI がもつデータオブジェクトを**表 2.7** に示し，CPOW がもつデータオブジェクトを**表 2.8** に示す。

表 2.7 CSWI のデータオブジェクト（IEC 61850-7-4　5.5.6 をもとに作成）

CSWI class				
Data object name （データオブ ジェクト名称）	Common data class （共通データ クラス）	Explanation （説　明）	T （ワンショット 情報）	M/O/C （必須/オプション/ 条件つき）
LNName	論理ノードインスタンス名（IEC 61850-7-2　22 参照）			
Data Object（データオブジェクト）				
Status Information（状態情報）				
LocKey	SPS	Local or remote key（遠方／直接制御の切替スイッチの状態）		O

表 2.7　(つづき)

CSWI class				
Data object name (データオブジェクト名称)	Common data class (共通データクラス)	Explanation (説　明)	T (ワンショット情報)	M/O/C (必須/オプション/条件つき)
LNName	論理ノードインスタンス名（IEC 61850-7-2　22 参照）			
Data Object (データオブジェクト)				
Status Information (状態情報)				
Loc	SPS	Local control behaviour（遠方／直接制御の状態値）		O
OpOpn	ACT	Operation "Open switch"（開閉器"切"操作　＊)	T	O
SelOpn	SPS	Selection "Open switch"（開閉器"切"選択　＊)		O
OpCls	ACT	Operation "Close switch"（開閉器"入"操作　＊)	T	O
SelCls	SPS	Selection "Close switch"（開閉器"入"選択　＊)		O
Controls (制御)				
OpCntRs	INC	Resettable operation counter（リセット可能な動作カウンタ）		O
LocSta	SPC	Switching authority at station level（給電・制御所／変電所の制御権（遠方／直接）切替 43R）		O
Pos	DPC	Switch, general（開閉器，三相一括）		M
PosA	DPC	Switch L1（開閉器 L1(A)相）		O
PosB	DPC	Switch L2（開閉器 L2(B)相）		O
PosC	DPC	Switch L3（開閉器 L3(C)相）		O

＊ GOOSE 適用時

表 2.8　CPOW のデータオブジェクト（IEC 61850-7-4　5.5.5 をもとに作成）

CPOW class				
Data object name (データオブジェクト名称)	Common data class (共通データクラス)	Explanation (説　明)	T (ワンショット情報)	M/O/C (必須/オプション/条件つき)
LNName	論理ノードインスタンス名（IEC 61850-7-2　22 参照）			
Data Object (データオブジェクト)				
Status Information (状態情報)				
TmExc	SPS	Maximum allowed time exceeded（最大許容待ち時間超過）		M
StrPOW	SPS	CPOW started（CPOW 起動）		O
OpOpn	ACT	Operation "Open switch"（開閉器"切"操作　＊)	T	O
OpCls	ACT	Operation "Close switch"（開閉器"入"操作　＊)	T	O
Controls (制　御)				
Pos	DPC	Switch, general（開閉器，三相一括）		O
PosA	DPC	Switch L1（開閉器 L1(A)相）		O
PosB	DPC	Switch L2（開閉器 L2(B)相）		O
PosC	DPC	Switch L3（開閉器 L3(C)相）		O
Settings (整定・設定)				
MaxDlTmms	ING	Maximum allowed delay time（最大許容待ち時間設定値）		O

＊ GOOSE 適用時

XCBR（circuit breaker）は遮断器の論理ノードである。開閉制御については
CSWI，CPOW とともに用いられる。保護などの高速遮断（トリップ）を通信に
て行う場合には通信サービス GOOSE を用いる。遮断器の開閉制御・状態，累
積遮断電流などの情報をもつ。XCBR がもつデータオブジェクトを**表 2.9** に示
す。

SCBR（circuit breaker supervision）は遮断器の状態監視を行うための論理
ノードである。遮断器の動作回数，動作機構，接点損耗，動作時間などの監視
を行い，異常を検出する。SCBR がもつデータオブジェクトを**表 2.10** に示す。

IEC 61850 の論理ノードは三相を扱っているものが多いが，XCBR，SCBR，
XSWI などは単相に対して利用する場合もあるため注意が必要である。

表 2.9 XCBR のデータオブジェクト（IEC 61850-7-4 5.16.2 をもとに作成）

XCBR class				
Data object name （データオブ ジェクト名称）	Common data class （共通データ クラス）	Explanation （説　明）	T （ワンショット 情報）	M/O/C （必須/オプション/ 条件つき）
LNName		論理ノードインスタンス名（IEC 61850-7-2 22 参照）		
Data Object（データオブジェクト）				
Descriptions（機器の説明）				
EEName	DPL	External equipment name plate（遮断器の名称）		O
Status Information（状態情報）				
EEHealth	ENS	External equipment health（遮断器の異常有無）		O
LocKey	SPS	Local or remote key（local means without substation automation communication, hardwired direct control） （遠方／直接制御切替用のスイッチ：直接とは，通信を介さず，ハードワイヤによる制御を意味する）		O
Loc	SPS	Local control behaviour（遠方／直接制御の状態値）		M
OpCnt	INS	Operation counter（動作カウンタ）		M
CBOpCap	ENS	Circuit breaker operating capability（遮断器の動作責務：O-C-O など）		O
POWCap	ENS	Point on wave switching capability （開閉極位相制御責務：不可，閉のみ可，開のみ可，開閉可能）		O
MaxOpCap	INS	Circuit breaker operating capability when fully charged（蓄勢満了からの遮断器動作可能回数）		O
Dsc	SPS	Discrepancy（欠相）		O
Measured and metered values（計測と計量）				
SumSwARs	BCR	Sum of switched amperes, resettable（累積遮断電流値）		O
Controls（制　御）				
LocSta	SPC	Switching authority at station level（給電・制御所／変電所の制御権（遠方／直接）切替 43R）		O

表 2.9　（つづき）

Data object name （データオブジェクト名称）	Common data class （共通データクラス）	Explanation （説　明）	T （ワンショット情報）	M/O/C （必須/オプション/条件つき）
XCBR class				
LNName	論理ノードインスタンス名（IEC 61850-7-2　22 参照）			
Data Object（データオブジェクト）				
Controls（制　御）				
Pos	DPC	Switch position（開閉状態）		M
BlkOpn	SPC	Block opening（切操作防止）		M
BlkCls	SPC	Block closing（入操作防止）		M
ChaMotEna	SPC	Charger motor enabled（蓄勢モータ使用可否）		O
Settings（整定・設定）				
CBTmms	ING	Closing time of breaker（漸進時間）		O

表 2.10　SCBR のデータオブジェクト（IEC 61850-7-4　5.14.3 をもとに作成）

Data object name （データオブジェクト名称）	Common data class （共通データクラス）	Explanation （説　明）	T （ワンショット情報）	M/O/C （必須/オプション/条件つき）
SCBR class				
LNName	論理ノードインスタンス名（IEC 61850-7-2　22 参照）			
Data Object（データオブジェクト）				
Status Information（状態情報）				
ColOpn	SPS	Open command of trip coil（切指令によるトリップコイル励磁）		M
AbrAlm	SPS	Contact abrasion alarm（接点摩耗　重故障）		O
AbrWrn	SPS	Contact abrasion warning（接点摩耗　軽故障）		O
MechHealth	ENS	Mechanical behaviour alarm（操作機構異常　正常／軽故障／重故障）		O
OpTmAlm	SPS	Switch operating time exceeded（開閉器動作時間超過）		O
ColAlm	SPS	Coil alarm（コイル監視異常）		O
OpCntAlm	SPS	Number of operations (modelled in the XCBR) has exceeded the alarm level for number of operations（動作回数超過　重故障）		O
OpCntWrn	SPS	Number of operations (modelled in the XCBR) exceeds the warning limit（動作回数超過　軽故障）		O
OpTmWrn	SPS	Warning when operation time reaches the warning level（動作時間　軽故障）		O
OpTmh	INS	Time since installation or last maintenance in hours（設置または最終点検時からの経過時間）		O
Measured and metered values（計測と計量）				
AccAbr	MV	Cumulated abrasion（累積摩耗）		O
SwA	MV	Current that was interrupted during last open operation（遮断電流）		O
ActAbr	MV	Abrasion of last open operation（接点摩耗）		O
AuxSwTmOpn	MV	Auxiliary switches timing open（補助接点の切動作時間）		O

表 **2.10** （つづき）

Data object name（データオブジェクト名称）	Common data class（共通データクラス）	Explanation（説 明）	T（ワンショット情報）	M/O/C（必須/オプション/条件つき）
		SCBR class		
LNName		論理ノードインスタンス名（IEC 61850-7-2 22 参照）		
Data Object（データオブジェクト）				
Measured and metered values（計測と計量）				
AuxSwTmCls	MV	Auxiliary switches timing close（補助接点の入動作時間）		O
RctTmOpn	MV	Reaction time measurement open（開極時間）		O
RctTmCls	MV	Reaction time measurement close（閉極時間）		O
OpSpdOpn	MV	Operation speed open（開極動作速度）		O
OpSpdCls	MV	Operation speed close（閉極動作速度）		O
OpTmOpn	MV	Operation time open（開極動作開始時間）		O
OpTmCls	MV	Operation time close（閉極動作開始時間）		O
Stk	MV	Contact stroke（主接点のストローク）		O
OvStkOpn	MV	Overstroke open（入時の主接点のオーバーストローク）		O
OvStkCls	MV	Overstroke close（切時の主接点のオーバーストローク）		O
ColA	MV	Coil current（コイル電流値）		O
Tmp	MV	Temperature e.g. inside drive mechanism（温度，例：駆動機構の内部温度）		O
Controls（制 御）				
OpCntRs	INC	Resettable operation counter（動作カウンタ）		O
Settings（整定・設定）				
AbrAlmLev	ASG	Abrasion sum threshold for alarm state（累積摩耗 重故障の閾値）		O
AbrWrnLev	ASG	Abrasion sum threshold for warning state（累積摩耗軽故障の閾値）		O
OpAlmTmh	ING	Alarm level for operation time in hours（動作時間の重故障閾値）		O
OpWrnTmh	ING	Warning level for operation time in hours（動作時間の軽故障閾値）		O
OpAlmNum	ING	Alarm level for number of operations（動作回数の重故障閾値）		O
OpWrnNum	ING	Warning level for number of operations（動作回数の軽故障閾値）		O

〔**4**〕 **計測・計量論理ノード　MMTR, MMXU**

MMTR（metering 3 phase），MMXU（measurement）は，電力量，電流・電圧，有効電力，無効電力，皮相電力，力率，周波数などの計量・計測値を送信するための論理ノードである。MMTR がもつデータオブジェクトを**表 2.11** に，MMXU がもつデータオブジェクトを**表 2.12** に示す。

表 2.11　MMTR のデータオブジェクト（IEC 61850-7-4　5.10.10 をもとに作成）

		MMTR class		
Data object name （データオブ ジェクト名称）	Common data class （共通データ クラス）	Explanation （説　明）	T （ワンショット 情報）	M/O/C （必須/オプション/ 条件つき）
LNName	論理ノードインスタンス名（IEC 61850-7-2　22 参照）			
Data Object（データオブジェクト）				
Measured and metered values（計測と計量）				
TotVAh	BCR	Net apparent energy（皮相電力量）		O
TotWh	BCR	Net real energy（有効電力量）		O
TotVArh	BCR	Net reactive energy（無効電力量）		O
SupWh	BCR	Real energy supply（default supply direction: energy flow towards busbar） （供給有効電力量，供給方向：系統から母線）		O
SupVArh	BCR	Reactive energy supply（default supply direction: energy flow towards busbar）（供給無効電力量，供給方向：系統から母線）		O
DmdWh	BCR	Real energy demand（default demand direction: energy flow from busbar away）（需要有効電力量，需要方向：母線から系統・負荷など）		O
DmdVArh	BCR	Reactive energy demand（default demand direction: energy flow from busbar away）（需要無効電力量，需要方向：母線から系統・負荷など）		O

表 2.12　MMXU のデータオブジェクト（IEC 61850-7-4　5.10.12 をもとに作成）

		MMXU class		
Data object name （データオブ ジェクト名称）	Common data class （共通データ クラス）	Explanation （説　明）	T （ワンショット 情報）	M/O/C （必須/オプション/ 条件つき）
LNName	論理ノードインスタンス名（IEC 61850-7-2　22 参照）			
Data Object（データオブジェクト）				
Measured and metered values（計測と計量）				
TotW	MV	Total active power（total P）（三相有効電力）		O
TotVAr	MV	Total reactive power（total Q）（三相無効電力）		O
TotVA	MV	Total apparent power（total S）（三相皮相電力）		O
TotPF	MV	Average power factor（total PF）（三相平均力率）		O
Hz	MV	Frequency（周波数）		O
PPV	DEL	Phase to phase voltages（VL1，VL2，…）（線間電圧 Vab，Vbc，Vca）		O
PNV	WYE	Phase to neutral voltage（相電圧　Van，Vbn，Vcn，Vo（三相 4 線））		O
PhV	WYE	Phase to ground voltages（VL1ER，…）（相電圧　Van，Vbn，Vcn，Vo（三相 3 線））		O
A	WYE	Phase currents（IL1，IL2，IL3）（相電流　Ia，Ib，Ic，Io）		O
W	WYE	Phase active power（P）（有効電力　Wa，Wb，Wc）		O
VAr	WYE	Phase reactive power（Q）（無効電力　VAra，VArb，VArc）		O

表 2.12 （つづき）

Data object name （データオブ ジェクト名称）	Common data class （共通データ クラス）	Explanation （説　明）	T （ワンショット 情報）	M/O/C （必須/オプション/ 条件つき）
MMXU class				
LNName	論理ノードインスタンス名（IEC 61850-7-2　22 参照）			
Data Object（データオブジェクト）				
Measured and metered values（計測と計量）				
VA	WYE	Phase apparent power(S)（皮相電力 VAa, VAb, VAc）		O
PF	WYE	Phase power factor（力率　PFa, PFb, PFc）		O
Z	WYE	Phase impedance（インピーダンス Za, Zb, Zc）		O
AvAPhs	MV	Arithmetic average of the magnitude of current of the 3 phases. Average（Ia, Ib, Ic）（電流（実効値）の三相平均値）		O
AvPPVPhs	MV	Arithmetic average of the magnitude of phase to phase voltage of the 3 phases. Average（PPVa, PPVb, PPVc）（線間電圧の三相平均値）		O
AvPhVPhs	MV	Arithmetic average of the magnitude of phase to reference voltage of the 3 phases. Average（PhVa, PhVb, PhVc）（相電圧の三相平均値）		O
AvWPhs	MV	Arithmetic average of the magnitude of active power of the 3 phases. Average（Wa, Wb, Wc）（有効電力の三相平均値）		O
AvVAPhs	MV	Arithmetic average of the magnitude of apparent power of the 3 phases. Average（VAa, VAb, VAc）（皮相電力の三相平均値）		O
AvVArPhs	MV	Arithmetic average of the magnitude of reactive power of the 3 phases. Average（VAra, VArb, VArc）（無効電力の三相平均値）		O
AvPFPhs	MV	Arithmetic average of the magnitude of power factor of the 3 phases. Average（PFa, PFb, PFc）（力率の三相平均値）		O
AvZPhs	MV	Arithmetic average of the magnitude of impedance of the 3 phases. Average（Za, Zb, Zc）（インピーダンスの三相平均値）		O
MaxAPhs	MV	Maximum magnitude of current of the 3 phases. Max（Ia, Ib, Ic）（電流の最大値）		O
MaxPPVPhs	MV	Maximum magnitude of phase to phase voltage of the 3 phases. Max（PPVa, PPVb, PPVc）（線間電圧の最大値）		O
MaxPhVPhs	MV	Maximum magnitude of phase to reference voltage of the 3 phases. Max（PhVa, PhVb, PhVc）（相電圧の最大値）		O
MaxWPhs	MV	Maximum magnitude of active power of the 3 phases. Max（Wa, Wb, Wc）（有効電力の最大値）		O
MaxVAPhs	MV	Maximum magnitude of apparent power of the 3 phases. Max（VAa, VAb, VAc）（皮相電力の最大値）		O
MaxVArPhs	MV	Maximum magnitude of reactive power of the 3 phases. Max（VAra, VArb, VArc）（無効電力の最大値）		O

表 2.12　（つづき）

MMXU class				
Data object name （データオブ ジェクト名称）	Common data class （共通データ クラス）	Explanation （説　明）	T （ワンショット 情報）	M/O/C （必須/オプション/ 条件つき）
LNName	論理ノードインスタンス名（IEC 61850-7-2　22 参照）			
Data Object（データオブジェクト）				
Measured and metered values（計測と計量）				
MaxPFPhs	MV	Maximum magnitude of power factor of the 3 phases. Max（PFa, PFb, PFc）（力率の最大値）		O
MaxZPhs	MV	Maximum magnitude of impedance of the 3 phases. Max（Za, Zb, Zc）（インピーダンスの最大値）		O
MinAPhs	MV	Minimum magnitude of current of the 3 phases. Min（Ia, Ib, Ic）（電流の最小値）		O
MinPPVPhs	MV	Minimum magnitude of phase to phase voltage of the 3 phases. Min（PPVa, PPVb, PPVc）（線間電圧の最小値）		O
MinPhVPhs	MV	Minimum magnitude of phase to reference voltage of the 3 phases. Min（PhVa, PhVb, PhVc）（相電圧の最小値）		O
MinWPhs	MV	Minimum magnitude of active power of the 3 phases. Min（Wa, Wb, Wc）（有効電力の最小値）		O
MinVAPhs	MV	Minimum magnitude of apparent power of the 3 phases. Min（VAra, VArb, VArc）（皮相電力の最小値）		O
MinVArPhs	MV	Minimum magnitude of reactive power of the 3 phases. Min（VAra, VArb, VArc）（無効電力の最小値）		O
MinPFPhs	MV	Minimum magnitude of power factor of the 3 phases. Min（PFa, PFb, PFc）（力率の最小値）		O
MinZPhs	MV	Minimum magnitude of impedance of the 3 phases. Min（Za, Zb, Zc）（インピーダンスの最小値）		O
Settings（整定・設定）				
ClcTotVA	ENG	Calculation method used for total apparent power（TotVA） （三相皮相電力の計算方法）		O
PFSign	ENG	Sign convention for VAr and power factor（PF） （Q と PF の（±極性規則））		O

〔5〕　計器用変成器（CT, VT）論理ノード　TCTR, TVTR

TCTR（current transformer），TVTR（voltage transformer）は電流・電圧の瞬時値（sampled value）を送信するための論理ノードである。TCTR がもつデータオブジェクトを**表 2.13** に，TVTR のデータオブジェクトを**表 2.14** に示す。

表 2.13 TCTR のデータオブジェクト（IEC 61850-7-4 5.15.4 をもとに作成）

Data object name（データオブジェクト名称）	Common data class（共通データクラス）	Explanation（説 明）	T（ワンショット情報）	M/O/C（必須/オプション/条件つき）
TCTR class				
LNName	論理ノードインスタンス名（IEC 61850-7-2 22 参照）			
Data Object（データオブジェクト）				
Descriptions（機器の説明）				
EEName	DPL	External equipment name plate（CT の名称）		O
Status Information（状態情報）				
EEHealth	ENS	External equipment health（CT 異常）		O
OpTmh	INS	Operation time（稼働時間）		O
Measured and metered values（計測と計量）				
AmpSv	SAV	Current（sampled value）（電流値（サンプリング値））		C1
Settings（整定・設定）				
ARtg	ASG	Rated current（定格電流）		O
HzRtg	ASG	Rated frequency（定格周波数）		O
Rat	ASG	Winding ratio of an external current transformer (transducer) if applicable（CT の巻線比）		O
Cor	ASG	Current phasor magnitude correction of an external current transformer（CT の電流値補正）		C2
AngCor	ASG	Current phasor angle correction of an external current transformer（CT の電流位相角補正）		C2
CorCrv	CSG	Curve phasor magnitude and angle correction（電流/位相特性による補正）		C2

条件 C1：データオブジェクトが通信を介して送信される場合，必須。
条件 C2：二つ以上の補正値のペアが必要な場合，CorCrv を使用する。

表 2.14 TVTR のデータオブジェクト（IEC 61850-7-4 5.15.20 をもとに作成）

Data object name（データオブジェクト名称）	Common data class（共通データクラス）	Explanation（説 明）	T（ワンショット情報）	M/O/C（必須/オプション/条件つき）
TVTR class				
LNName	論理ノードインスタンス名（IEC 61850-7-2 22 参照）			
Data Object（データオブジェクト）				
Descriptions（機器の説明）				
EEName	DPL	External equipment name plate（VT の名称）		O
Status Information（状態情報）				
EEHealth	ENS	External equipment health（VT の異常有無）		O
OpTmh	INS	Operation time（稼働時間）		O
FuFail	SPS	TVTR fuse failure（ヒューズ故障）		O
Measured and metered values（計測と計量）				
VolSv	SAV	Voltage（sampled value）（電圧値（サンプリング値））		C1

表 2.14　（つづき）

Data object name (データオブ ジェクト名称)	Common data class (共通データ クラス)	Explanation (説　明)	T (ワンショット 情報)	M/O/C (必須/オプション/ 条件つき)
		TVTR class		
LNName	論理ノードインスタンス名（IEC 61850-7-2　22 参照）			
Data Object（データオブジェクト）				
Settings（整定・設定）				
VRtg	ASG	Rated voltage（定格電圧）		O
HzRtg	ASG	Rated frequency（定格周波数）		O
Rat	ASG	Winding ratio of external voltage transformer (transducer) if applicable （VT の巻線比）		O
Cor	ASG	Voltage phasor magnitude correction of external voltage transformer （VT の電圧値補正）		C2
AngCor	ASG	Voltage phasor angle correction of external voltage transformer （VT の電圧位相角補正）		C2
CorCrv	CSG	Curve phasor magnitude and angle correction（電圧/位 相特性による補正）		C2

条件 C1：データオブジェクトが通信を介して送信される場合，必須。
条件 C2：二つ以上の補正値のペアが必要な場合，CorCrv を使用する。

以上に示した論理ノードで使われるおもな共通データクラスを 2.4.2 項で示す。

2.4.2　共通データクラス（CDC：common data class）

〔1〕　SPS

SPS（single point status）は，単一入力値（例えば警報・故障信号や状態表示の a 接点または b 接点）を使用したオン／オフ情報であり論理型の stVal で状態を示す。q は stVal のデータ品質（正常・異常など）を示し，t は時刻を示す。stVal にはデータ変化（dchg）を，q には品質変化（qchg）を検出するためのトリガオプション（TrgOp）が指定されている。SPS が定義するデータ属性を**表 2.15** に示す。ここで，M/O/C の PICS_SUBST，ACAC_DLNDA_M などはデータオブジェクトの値を置き換える場合や通常のデータ名を使わない場合に定義すべきデータであることを示す条件設定である。

表 2.15 SPS のデータ属性（IEC 61850-7-3　Table 19 をもとに作成）

Data attribute name（データ属性名称）	Type（型）	FC	TrgOp	Value/Value range（値/範囲）	M/O/C（必須/オプション/条件つき）
SPS class					
DataName（データ名称）	GenDataObject クラスまたは GenSubDataObject クラスからの継承				
Data Attribute（データ属性）					
status（状態）					
stVal	BOOLEAN	ST	dchg	TRUE|FALSE	M
q	Quality	ST	qchg		M
t	TimeStamp	ST			M
substitution and blocked（代用とブロック）					
subEna	BOOLEAN	SV			PICS_SUBST
subVal	BOOLEAN	SV		TRUE|FALSE	PICS_SUBST
subQ	Quality	SV			PICS_SUBST
subID	VISIBLE STRING64	SV			PICS_SUBST
blkEna	BOOLEAN	BL			O
configuration, description and extension（構成, 説明, 拡張）					
d	VISIBLE STRING255	DC		Text	O
dU	UNICODE STRING255	DC			O
cdcNs	VISIBLE STRING255	EX			AC_DLNDA_M
cdcName	VISIBLE STRING255	EX			AC_DLNDA_M
dataNs	VISIBLE STRING255	EX			AC_DLN_M

〔2〕 ACT

ACT（protection activation information）は，保護リレーの動作情報である。各相動作状態（A/B/C/n），データ品質（q），動作時刻（t），各相動作時刻（A/B/C）などを示す。ACT が定義するデータ属性を**表 2.16** に示す。

表 2.16 ACT のデータ属性（IEC 61850-7-3　Table 23 をもとに作成）

Data attribute name（データ属性名称）	Type（型）	FC	TrgOp	Value/Value range（値/範囲）	M/O/C（必須/オプション/条件つき）
ACT class					
DataName（データ名称）	GenDataObject クラスまたは GenSubDataObject クラスからの継承				
Data Attribute（データ属性）					
status（状態）					
general	BOOLEAN	ST	dchg		M
phsA	BOOLEAN	ST	dchg		O
phsB	BOOLEAN	ST	dchg		O
phsC	BOOLEAN	ST	dchg		O
neut	BOOLEAN	ST	dchg		O
q	Quality	ST	qchg		M

表 2.16　（つづき）

ACT class					
Data attribute name（データ属性名称）	Type（型）	FC	TrgOp	Value/ Value range（値/範囲）	M/O/C（必須/オプション/条件つき）
DataName（データ名称）	GenDataObject クラスまたは GenSubDataObject クラスからの継承				
Data Attribute（データ属性）					
status（状態）					
t	TimeStamp	ST			M
originSrc	Originator	ST			O
operTmPhsA	TimeStamp	ST			O
operTmPhsB	TimeStamp	ST			O
operTmPhsC	TimeStamp	ST			O
configuration, description and extension（構成，説明，拡張）					
d	VISIBLE STRING255	DC		Text	O
dU	UNICODE STRING255	DC			O
cdcNs	VISIBLE STRING255	EX			AC_DLNDA_M
cdcName	VISIBLE STRING255	EX			AC_DLNDA_M
dataNs	VISIBLE STRING255	EX			AC_DLN_M

〔3〕 MV

　MV（measured value）は計測情報を示す。instMag では時々刻々と変化するその時点の実効値を示す。mag は，時々刻々と変化する値について不感帯を設け，閾値を超えたときにその値を更新する。不感帯をデッドバンド値として db で示す。計測値の SI 単位を units で指定する。MV が定義するデータ属性を**表 2.17** に示す。

表 2.17　MV のデータ属性（IEC 61850-7-3　Table 30 をもとに作成）

MV class					
Data attribute name（データ属性名称）	Type（型）	FC	TrgOp	Value/ Value range（値/範囲）	M/O/C（必須/オプション/条件つき）
DataName（データ名称）	GenDataObject クラスまたは GenSubDataObject クラスからの継承				
Data Attribute（データ属性）					
measured attributes（測定属性）					
instMag	AnalogueValue	MX			O
mag	AnalogueValue	MX	dchg, dupd		M
range	ENUMERATED	MX	dchg	normal|high|low |high–high|low–low	O
q	Quality	MX	qchg		M
t	TimeStamp	MX			M

表 2.17　（つづき）

Data attribute name（データ属性名称）	Type（型）	FC	TrgOp	Value/Value range（値/範囲）	M/O/C（必須/オプション/条件つき）
MV class					
DataName（データ名称）	GenDataObject クラスまたは GenSubDataObject クラスからの継承				
Data Attribute（データ属性）					
substitution and blocked（代用とブロック）					
subEna	BOOLEAN	SV			PICS_SUBST
subMag	AnalogueValue	SV			PICS_SUBST
subQ	Quality	SV			PICS_SUBST
subID	VISIBLE STRING64	SV			PICS_SUBST
blkEna	BOOLEAN	BL			O
configuration, description and extension（構成，説明，拡張）					
units	Unit	CF	dchg		O
db	INT32U	CF	dchg	0…100 000	O
zeroDb	INT32U	CF	dchg	0…100 000	O
sVC	ScaledValueConfig	CF	dchg		AC_SCAV
rangeC	RangeConfig	CF	dchg		GC_CON_range
smpRate	INT32U	CF	dchg		O
d	VISIBLE STRING255	DC		Text	O
dU	UNICODE STRING255	DC			O
cdcNs	VISIBLE STRING255	EX			AC_DLNDA_M
cdcName	VISIBLE STRING255	EX			AC_DLNDA_M
dataNs	VISIBLE STRING255	EX			AC_DLN_M

〔4〕　SAV

SAV（sampled value）は，電流・電圧などの瞬時値を instMag で示す。同じデータ属性 instMag で，データ型 AnalogueValue であっても瞬時値と実効値を表す場合があるので注意を要する。SAVが定義するデータ属性を**表 2.18** に示す。

表 2.18　SAV のデータ属性（IEC 61850-7-3　Table 32 をもとに作成）

Data attribute name（データ属性名称）	Type（型）	FC	TrgOp	Value/Value range（値/範囲）	M/O/C（必須/オプション/条件つき）
SAV class					
DataName（データ名称）	GenDataObject クラスまたは GenSubDataObject クラスからの継承				
Data Attribute（データ属性）					
measured attributes（測定属性）					
instMag	AnalogueValue	MX			M
q	Quality	MX	qchg		M
t	TimeStamp	MX			O

表 2.18　（つづき）

SAV class					
Data attribute name（データ属性名称）	Type（型）	FC	TrgOp	Value/ Value range（値/範囲）	M/O/C（必須/オプション/条件つき）
DataName（データ名称）	GenDataObject クラスまたは GenSubDataObject クラスからの継承				
Data Attribute（データ属性）					
configuration, description and extension（構成，説明，拡張）					
units	Unit	CF	dchg		O
sVC	ScaledValueConfig	CF	dchg		AC_SCAV
min	AnalogueValue	CF	dchg		O
max	AnalogueValue	CF	dchg		O
d	VISIBLE STRING255	DC		Text	O
dU	UNICODE STRING255	DC			O
cdcNs	VISIBLE STRING255	EX			AC_DLNDA_M
cdcName	VISIBLE STRING255	EX			AC_DLNDA_M
dataNs	VISIBLE STRING255	EX			AC_DLN_M

〔5〕　**DPC**

DPC（controllable double point）は，遮断器の開閉などの二つの入力値（a 接点-b 接点）を使用したオン／オフ情報であり，入力の不一致監視などが可能である。stVal でオン/中間/オフ/異常を示す。ctlNum は制御シーケンス番号を示す。選択制御の場合の**選択状態**（stSeld）と選択制御のための**各種設定データ**（ctlModel，sboTimeout，sboClass など）をもつ。DPC が定義するデータ属性を**表 2.19** に示す。

表 2.19　DPC のデータ属性（IEC 61850-7-3　Table 41 をもとに作成）

DPC class					
Data attribute name（データ属性名称）	Type（型）	FC	TrgOp	Value/ Value range（値/範囲）	M/O/C（必須/オプション/条件つき）
DataName（データ名称）	GenDataObject クラスまたは GenSubDataObject クラスからの継承				
Data Attribute（データ属性）					
status and control mirror（状態と制御）					
origin	Originator	ST			AC_CO_O
ctlNum	INT8U	ST		0…255	AC_CO_O
stVal	CODED ENUM	ST	dchg	intermediate-state |off|on|bad-state	M
q	Quality	ST	qchg		M
t	TimeStamp	ST			M

表 2.19 （つづき）

DPC class					
Data attribute name（データ属性名称）	Type（型）	FC	TrgOp	Value/Value range（値/範囲）	M/O/C（必須/オプション/条件つき）
DataName（データ名称）	GenDataObject クラスまたは GenSubDataObject クラスからの継承				
Data Attribute（データ属性）					
status and control mirror（状態と制御）					
stSeld	BOOLEAN	ST	dchg		O
opRcvd	BOOLEAN	OR	dchg		O
opOk	BOOLEAN	OR	dchg		O
tOpOk	TimeStamp	OR			O
substitution and blocked（代用とブロック）					
subEna	BOOLEAN	SV			PICS_SUBST
subVal	CODED ENUM	SV		intermediate-state|off|on|bad-state	PICS_SUBST
subQ	Quality	SV			PICS_SUBST
subID	VISIBLE STRING64	SV			PICS_SUBST
blkEna	BOOLEAN	BL			O
configuration, description and extension（構成，説明，拡張）					
pulseConfig	PulseConfig	CF	dchg		AC_CO_O
ctlModel	CtlModels	CF	dchg		M
sboTimeout	INT32U	CF	dchg		AC_CO_O
sboClass	SboClasses	CF	dchg		AC_CO_O
operTimeout	INT32U	CF	dchg		AC_CO_O
d	VISIBLE STRING255	DC		Text	O
dU	UNICODE STRING255	DC			O
cdcNs	VISIBLE STRING255	EX			AC_DLNDA_M
cdcName	VISIBLE STRING255	EX			AC_DLNDA_M
dataNs	VISIBLE STRING255	EX			AC_DLN_M
parameters for control services（制御サービスのパラメータ）					
Service parameter name（サービスパラメータ名称）		Service parameter type（パラメータ型）		Value/Value range（値/範囲）	
ctlVal		BOOLEAN		off（FALSE）|on（TRUE）	

〔6〕 **ASG**

ASG（analogue setting）は，アナログ設定値を setMag で指定する。SI 単位は units で指定する。最大・最小値，ステップサイズなどを構成データとして指定することも可能である。ASG が定義するデータ属性を**表 2.20** に示す。

表 2.20　ASG のデータ属性（IEC 61850-7-3　Table 57 をもとに作成）

ASG class					
Data attribute name（データ属性名称）	Type（型）	FC	TrgOp	Value/Value range（値/範囲）	M/O/C（必須/オプション/条件つき）
DataName（データ名称）	GenDataObject クラスまたは GenSubDataObject クラスからの継承				
Data Attribute（データ属性）					
measured attributes（測定属性）					
setMag	AnalogueValue	SP	dchg		AC_NSG_M
setMag	AnalogueValue	SG，SE			AC_SG_M
configuration, description and extension（構成，説明，拡張）					
units	Unit	CF	dchg		O
sVC	ScaledValueConfig	CF	dchg		AC_SCAV
minVal	AnalogueValue	CF	dchg		O
maxVal	AnalogueValue	CF	dchg		O
stepSize	AnalogueValue	CF	dchg	0…（maxVal−minVal）	O
d	VISIBLE STRING255	DC		Text	O
dU	UNICODE STRING255	DC			O
cdcNs	VISIBLE STRING255	EX			AC_DLNDA_M
cdcName	VISIBLE STRING255	EX			AC_DLNDA_M
dataNs	VISIBLE STRING255	EX			AC_DLN_M

2.4.3　共通データクラスのデータ属性

これまでに紹介した CDC クラスにおけるデータ属性の定義を以下の**表 2.21**に示す。

表 2.21　データ属性の定義（IEC 61850-7-3　Table 64 をもとに作成）

Data attribute name（データ属性名称）	Semantics（意味）	
blkEna	True とした場合，データ更新が実施されなくなる（計測値，機器状態などの情報更新ロック）。	
cdcName	共通データクラスの名称。	
cdcNs	共通データクラスの名前空間。	
ctlModel	IEC 61850-7-2 における制御モデルを表現する属性値。	
ctlModel	Value	説明
ctlModel	status-only	オブジェクトの制御不可。ctlVal は存在しない。
ctlModel	direct-with-normal-security	応動監視なし—挙動制御
ctlModel	sbo-with-normal-security	応動監視なし選択制御
ctlModel	direct-with-enhanced-security	応動監視付き—挙動制御
ctlModel	sbo-with-enhanced-security	応動監視付き選択制御

表 **2.21**　（つづき）

Data attribute name（データ属性名称）	Semantics（意味）
ctlNum	クライアントが発行する制御サービスの制御シーケンス番号。
d	データの説明文。
dataNs	データの名前空間。
db	不感帯（deadband）を表現する属性値。
dU	Unicode で表現されているデータの説明文。
general	トリップもしくは検出スタートのイベントの状態を表し，1 相以上検出した場合に True となる。
instMag	測定値の瞬時値。"mag" で説明にあるように deadband（db：不感帯）の計算に使用される。
mag	"instMag" で表現される瞬時値と不感帯計算に基づく値。 瞬時値が db の値を超えた場合，mag の値が更新される。 db＝0 の場合は，mag の値と "instMag" の値は同値となる。
max	測定値の最大値を表現する属性値。 測定値がこの属性値より大きい場合，レンジオーバとなる。
maxVal	minVal とともに定義することによって，ctlVal（CDC：INC, BSC, ISC），setVal（CDC：ING），setMag（CDC：APC, ASG）の設定範囲を定める。
min	測定値の最小値を表現する属性値。 測定値がこの属性値より小さい場合，レンジオーバとなる。
minVal	maxVal とともに定義することによって，ctlVal（CDC：INC, BSC, ISC），setVal（CDC：ING），setMag（CDC：APC, ASG）の設定範囲を定める。
neut(ACT, ACD)	地絡電流（N 相）の検出スタートイベントの状態を表す。
operTimeout	制御後の応動監視タイムアウトを表現する属性（制御後に operTimeout の時間内に制御対象が状態変化しなかった場合，制御終了となる。ctlModel が SBOes の場合，CmdTerm(-) を返す。値の単位は，ms で表現される）。
operTmPhsA	A 相の動作時刻。
operTmPhsB	B 相の動作時刻。
operTmPhsC	C 相の動作時刻。
opOk	制御指令が出力されたことを示す属性値。
opRcvd	制御指令を受信したことを示す属性値。
origin	stVal の値を最後に変化させた制御元の情報。
originSrc	GOOSE メッセージの送信元の情報。
phsA(ACT, ACD)	A 相のトリップもしくは検出スタートの状態を表す。
phsB(ACT, ACD)	B 相のトリップもしくは検出スタートの状態を表す。

表 2.21　（つづき）

Data attribute name（データ属性名称）	Semantics（意味）
phsC（ACT, ACD）	C 相のトリップもしくは検出スタートの状態を表す。
pulseConfig	制御出力のパルス幅を表現する設定値。
q	stVal などのデータの品質。
range	"instMag" または "instCVal.mag" の現在値が含まれる範囲を表す。 現在値が変化して，別の範囲に移行した際にイベント（通知）を発行するために使用される。 range は，rangeC にて定められたしきい値に基づき値が決まる。 　　　　　　　　　　　　　　range　　　　validity　　　　detail-qual 　　　　　　　　　　　　　　high-high　　questionable　　outOfRange 　　　　　　max ――――― 　　　　　　　　　　　　　　high-high　　good 　　　　　hhLim ――――― 　　　　　　　　　　　　　　high　　　　good 　　　　　　hLim ――――― 　　　　　　　　　　　　　　normal　　　good 　　　　　llLim ――――― 　　　　　　　　　　　　　　low　　　　good 　　　　　　lLim ――――― 　　　　　　　　　　　　　　low-low　　good 　　　　　　min ――――― 　　　　　　　　　　　　　　low-low　　questionable　　outOfRange
rangeC	hhLim, hLim, lLim, llLim, min, max のしきい値を設定し，range の範囲を決定する。
sboClass	SBO-class の特徴（制御可能なデータの挙動に対応）を表現する属性値。 　Operate-once：制御要求に対する制御応答返送後に，制御オブジェクトは未選択状態に戻る。 　Operate-many：制御要求に対する制御応答返送後に，sboTimeout の時間が経過するまで制御オブジェクトは選択状態を保持する。
sboTimeout	選択指令と制御指令間のタイムアウト時間を表現する属性値。 値の単位は，ms で表現される。
setMag	アナログ整定値・設定値。
smpRate（MV, CMV, WYE, DEL）	アナログ値のサンプルレートを表現する属性値。1 サイクルあたりのサンプリング数。
stepSize	整定値ステップ（刻み幅）を定義する属性値。ctlVal（CDC：INC, APC, BAC），setVal（CDC：ING），setMag（CDC：ASG）などに適用される。
stSeld	選択制御における「選択状態」を表現する属性値。
stVal	状態値（遮断器などの状態値；「入」，「切」など）。
subEna	データ代用の有効／無効に関する属性値。この属性が True に設定された場合，sub とつく属性値（subMag, subQ, subVal など）を正規の属性値の代用として使用できる。
subID	データの代用を行った装置のアドレスを表す属性値。
subMag	"instMag" の代用として使用されるデータ。
subQ	"q" の代用として使用されるデータ。

表 **2.21** （つづき）

Data attribute name（データ属性名称）	Semantics（意味）
subVal	代用として使用される値を表すデータ。CDC の違いにより，以下の属性の代用となる。 | CDC	subVal にて代用されるデータオブジェクト | |---|---| | SPS | stVal | | DPS | stVal | | INS | stVal | | ENS | stVal | | SPC | stVal | | DPC | stVal | | INC | stVal | | ENC | stVal | | BSC | valWTr | | ISC | valWTr | | APC | mxVal | | BAC | mxVal |
sVC	スケールファクター（乗率など）を表現する属性値。CDC の違いにより，以下のデータ属性に適用される。 | CDC	sVC 適用データオブジェクト | |---|---| | MV | instMag, mag, subMag, rangeC | | SAV | instMag, min, max | | APC | mxVal, subVal, minVal, maxVal, stepSize | | BAC | mxVal, subVal, minVal, maxVal, stepSize | | ASG | setMag, minVal, maxVal, stepSize |
t	データ値，または q の値が変化したときのタイムスタンプ。
tOpOk	操作指令受信後の出力時のタイムスタンプ。
units	データの工学単位（A，V，W など）を表現する属性値。 CDC の違いにより，以下のデータ属性に適用される。 | CDC	units 適用データオブジェクト | |---|---| | BCR | actVal, frVal, pulsQty | | MV | instMag, mag, subMag, rangeC | | CMV | instCVal.mag, cVal.mag, subCVal.mag, rangeC | | SAV | instMag, min, max | | HST | hstVal | | APC | mxVal, subVal, minVal, maxVal, stepSize | | BAC | mxVal, subVal, minVal, maxVal, stepSize | | ASG | setMag, minVal, maxVal, stepSize |

表 **2.21** （つづき）

Data attribute name（データ属性名称）	Semantics（意味）
zeroDb	測定値に関して，ゼロ化処理を行うための不感帯を表現する属性値。CDC の違いにより，以下のデータ属性に適用される。 | CDC	zeroDb 適用データオブジェクト | |---|---|
MV	mag
CMV	cVal.mag	

引用・参考文献

電力システム関係規格など

1) IEC 61970 Series, Energy management system application program interface (EMS–API)
2) IEC 61968 Series, Application integration at electric utilities – System interfaces for distribution management
3) IEC 60870–5 Series, Telecontrol equipment and systems – Part 5: Transmission protocols
4) IEC 60870–6 Series, Telecontrol equipment and systems – Part 6: Telecontrol protocols compatible with ISO standards and ITU–T recommendations
5) IEC 61400–25 Series, Wind energy generation systems – Part 25: Communications for monitoring and control of wind power plants
6) IEC 62351 Series, Power systems management and associated information exchange – Data and communications security
7) IEC 62056 Series, Electricity metering data exchange – The DLMS/COSEM suite
8) 中部電力 Web ページ：でんきのあした，http://dna.chuden.jp/images/summary_19.pdf （2020.1.16 現在）
   中部電力 Web ページ：畑薙第一発電所，https://www.chuden.co.jp/energy/ene_energy/water/wat_chuden/hatanagi/index.html （2020.1 現在）
   中部電力 Web ページ：風力発電 https://www.chuden.co.jp/energy/ene_energy/newene/ene_torikumi/tor_wind/index.html （2020.1 現在）
   中部電力 Web ページ：メガソーラー発電 https://www.chuden.co.jp/energy/ene_energy/newene/ene_torikumi/tor_sun/index.html （2020.1 現在）

IEC 61850 概要および論理ノード関係の規格 （9）〜22） は IEC 61850 の各 part の名称）
IEC 61850 Communication networks and systems for power utility automation

9) IEC TR 61850–1:2013 – Part 1: Introduction and overview
10) IEC 61850–4:2011 – Part 4: System and project management
11) IEC 61850–5:2013 – Part 5: Communication requirements for functions and device models
12) IEC 61850–6:2009 – Part 6: Configuration description language for communication in electrical substations related to IEDs
13) IEC 61850–7–1:2011 – Part 7–1: Basic communication structure – Principles and models
14) IEC 61850–7–2:2010 – Part 7–2: Basic information and communication structure – Abstract communication service interface (ACSI)

15) IEC 61850–7–3:2010 – Part 7–3: Basic communication structure – Common data classes
16) IEC 61850–7–4:2010 – Part 7–4: Basic communication structure – Compatible logical node classes and data object classes
17) IEC 61850–7–420:2009 – Part 7–420: Basic communication structure – Distributed energy resources logical nodes
18) IEC TR 61850–7–500:2017 – Part 7–500: Basic information and communication structure – Use of logical nodes for modeling application functions and related concepts and guidelines for substations
19) IEC 61850–8–1:2011 – Part 8–1: Specific communication service mapping (SCSM) – Mappings to MMS (ISO 9506–1 and ISO 9506–2) and to ISO/IEC 8802–3
20) IEC 61850–9–2:2011 – Part 9–2: Specific communication service mapping (SCSM) – Sampled values over ISO/IEC 8802–3
21) IEC 61850–10:2012 – Part 10: Conformance testing
22) IEC TR 61850–90–5:2012 – Part 90–5: Use of IEC 61850 to transmit synchrophasor information according to IEEE C37.118

第3章
変電所保護制御システム標準 IEC 61850 ②
― 通信サービスとセキュリティ

　本章では変電所の計測・監視・制御・保護に必要とされる IEC 61850 の通信サービスについて解説する。また，CT/VT 瞬時値・遮断器トリップ指令の高速伝送のためのプロセスバス，および送電線電流差動保護・シンクロフェーザ適用系統観測・変電所–制御所間通信などの広域通信のための IEC 61850 拡張標準とこれらに関係したセキュリティ標準 IEC 62351 について解説する。

 3.1　通信サービス IEC 61850–7–2

　IEC 61850 の通信機能については IEC 61850–7–2 で規定されている[3]。IEC 61850 の通信サービス（ACSI）のモデル構成を**図 3.1** に示す。IEC 61850 の通信サービスモデルは以下の部分から構成される。

① Server, Association：　サーバは装置（IED）に対応した**通信接続設定**（Multicast, Unicast など）情報を管理する。Association により通信開始終了指示を行う。

② File transfer：　装置保存データ（事故波形データなど）とその転送。

③ Logical device：　保護，制御などの機能の大分類ごとに論理ノードを整理して定義された論理的な装置（以下，「論理デバイス」）。

④ Logical node, Data object：　変電所内の機器・装置など機能に関するデータ。

⑤ Control Block：　通信サービスで中心となる役割を果たす。Report/Log, GOOSE, Sampled Value などの通信サービスの各種制御を行う。またそのためのパラメータ設定が可能である。

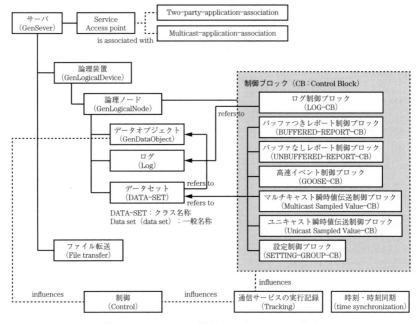

図 3.1 IEC 61850 の通信サービスのモデル構成
（IEC 61850-7-2 Figure 3 をもとに作成）

⑥ Data set: 通信メッセージを定義する。論理ノードのデータオブジェクトを選択しメッセージを構成する。

⑦ Control: 遮断器，変圧器などの変電所機器の制御を行う通信サービス。

⑧ Tracking: 通信サービスの実行記録の管理を行う。

⑨ Time: 時刻同期管理。SNTP（simple network time protocol）を用いて変電所装置間の 1 ミリ秒以内の同期をとる。

IEC 61850 の提供する通信サービスインタフェースを**表 3.1** に示す。これらの通信インタフェースは伝送するデータの種類を示す共通データクラス（CDC：common data class）および機能制約（FC：functional constraint）により適用できる通信インタフェースが規定されている。機能制約とはデータ種別を示すものであり以下の用途がある。

① データ種別の識別

表 3.1　IEC 61850 の提供する通信サービスインタフェース
（IEC 61850-7-2　Table 1 をもとに作成）

GenServer model GetServerDirectory Association model Associate Abort Release GenLogicalDeviceClass model GetLogicalDeviceDirectory GenLogicalNodeClass model GetLogicalNodeDirectory GetAllDataValues GenDataObjectClass model GetDataValues SetDataValues GetDataDirectory GetDataDefinition DATA-SET model GetDataSetValues SetDataSetValues CreateDataSet DeleteDataSet GetDataSetDirectory SETTING-GROUP-CONTROL-BLOCK model SelectActiveSG SelectEditSG SetEditSGValue ConfirmEditSGValues GetEditSGValue GetSGCBValues REPORT-CONTROL-BLOCK and LOG-CONTROL-BLOCK model BUFFERED-REPORT-CONTROL-BLOCK: 　Report[注] 　GetBRCBValues 　SetBRCBValues UNBUFFERED-REPORT-CONTROL-BLOCK: 　Report[注] 　GetURCBValues 　SetURCBValues	LOG-CONTROL-BLOCK model: 　GetLCBValues 　SetLCBValues 　QueryLogByTime 　QueryLogAfter 　GetLogStatusValues Generic substation event model - GSE GOOSE 　SendGOOSEMessage[注] 　GetGoReference 　GetGOOSEElementNumber 　GetGoCBValues 　SetGoCBValues Transmission of sampled values model MULTICAST-SAMPLE-VALUE-CONTROL-BLOCK: 　SendMSVMessage[注] 　GetMSVCBValues 　SetMSVCBValues UNICAST-SAMPLE-VALUE-CONTROL-BLOCK: 　SendUSVMessage[注] 　GetUSVCBValues 　SetUSVCBValues Control model Select SelectWithValue Cancel Operate CommandTermination TimeActivatedOperate Time and time synchronization TimeSynchronization FILE transfer model GetFile SetFile DeleteFile GetFileAttributeValues

（注）自動送信するすべてのサービスは，一つのコントロールブロックインスタンスごとに一つのアクセスポイントに制限される。

② データ参照・設定

- データ選択のキーとして利用（FC で指定されたすべてのデータの選択）

③ Data set の要素の指定

- Report, GOOSE, Sampled Value（SV）のサービスに利用

LN（logical node），DO（data object），DA（data attribute），CDC（common data class），通信サービスなどの関係を**図 3.2** に示す。この例では，(a) に示す論理ノード MMXU の各データオブジェクトの CDC が MV であるデータオブ

① IEC 61850-7-4 により，LN がもつ DO を把握

`IEC61850 7-4`

(a) LN：MMXU がもつ DO（抜粋）（引用：IEC 61850-7-4　5.10.12）

MMXU class				
Data object name （データオブ ジェクト名称）	Common data class （共通データ クラス）	Explanation （説　明）	T （ワンショット 情報）	M/O/C （必須/オプション/ 条件つき）
LNName		論理ノードインスタンス名（IEC 61850-7-2　22 章参照）		
Data Object （データオブジェクト）				
Measured and metered values（計測と計量）				
TotW	MV	Total active power（total P）（三相有効電力）		O
TotVAr	MV	Total reactive power（total Q）（三相無効電力）		O
TotVA	MV	Total apparent power（total S）（三相皮相電力）		O
TotPF	MV	Average power factor（total PF）（三相平均力率）		O
Hz	MV	Frequency（周波数）		O

② IEC 61850-7-3 により，DO の DA・CDC を参照

`IEC61850 7-3`

③ DA・CDC を把握

(b) CDC：MV（引用：IEC 61850-7-3　Table 30）

MV class					
Data attribute name （データ 属性名称）	Type （型）	FC	TrgOp	Value/ Value range （値/範囲）	M/O/C （必須/オプション/ 条件つき）
DataName （データ名称）					
Data Attribute （データ属性）					
measured attributes（測定属性）					
instMag	AnalogueValue	MX			O
mag	AnalogueValue	MX	dchg, dupd		M
range	ENUMERATED	MX	dchg	normal|high|low |high-high|low-low	O
q	Quality	MX	qchg		M
t	TimeStamp	MX			M
substitution and blocked（代用とブロック）					
subEna	BOOLEAN	SV			PICS_SUBST
subMag	AnalogueValue	SV			PICS_SUBST
subQ	Quality	SV			PICS_SUBST

図 3.2　LN，DO，DA，CDC，通信サービスの関連性[3]~[5]
（IEC 61850-7-4 5.10.12，IEC 61850-7-3　Table 29，30 をもとに作成）

subID	VISIBLE STRING64	SV				PICS_SUBST
blkEna	BOOLEAN	BL				O
configuration, description and extension（構成，説明，拡張）						
units	Unit	CF	dchg			O
db	INT32U	CF	dchg	0…100 000		O
zeroDb	INT32U	CF	dchg	0…100 000		O
sVC	ScaledValueConfig	CF	dchg			AC_SCAV
rangeC	RangeConfig	CF	dchg			GC_CON_range
smpRate	INT32U	CF	dchg			O
d	VISIBLE STRING255	DC		Text		O
dU	UNICODE STRING255	DC				O
cdcNs	VISIBLE STRING255	EX				AC_DLNDA_M
cdcName	VISIBLE STRING255	EX				AC_DLNDA_M
dataNs	VISIBLE STRING255	EX				AC_DLN_M
Services（サービス）						
As defined in Table 29.（IEC 61850-7-3　Table 29 を参照）						

④ CDC に関連するサービス把握

(c) CDC：MVのテンプレートと関連するサービス（引用：IEC 61850-7-3　Table 29）

Basic measurand information template（基本的な計測情報のテンプレート）				
Data attribute name （データ属性名称）	Type （型）	FC	TrgOp	Value/ Value range （値/範囲）	M/O/C （必須/オプション/ 条件つき）
DataName （データ名称）					
Data Attribute（データ属性）					
measured attributes（測定属性）					
substitution（代用）					
configuration, description and extension（構成，説明，拡張）					

Services (see IEC 61850-7-2)（サービス：IEC 61850-7-2 を参照）			
Service model of IEC 61850-7-2 (IEC 61850-7-2 の サービスモデル)	Service （サービス）	Service applies to Attr with FC （サービスが適用 される FC）	Remark（備考）
GenCommonDataClass model	SetDataValues	DC，CF，SV，BL	
	GetDataValues	ALL	
	GetDataDefinition	ALL	
	GetDataDirectory	ALL	
Data set model	GetDataSetValues	ALL	
	SetDataSetValues	DC,CF,SV,BL	
Reporting model GSE model Sampled values model	Report	ALL	As specified within the data set that is used to define the content of the message （メッセージの内容を定義するために使 用されるデータセット内の規定による）
	SendGOOSEMessage	MX	
	SendMSVMessage	MX	
	SendUSVMessage	MX	

IEC 61850-7-2 を参照（3.1.1〜11 に説明あり）

図 3.2 （つづき）

ジェクトに対する MV の DataAttribute の各 FC が MX, SV, BL, CF, DC, EX であることが（b）に示されている。これに対して（c）に示されている IEC 61850-7-3　Table 29 の Service で示される通信サービスの利用が可能である。例えば MMXU. TotW. mag [MX] に対しては，データアクセス（GetDataValues），data set アクセス（GetDataSetValues など），Report, GOOSE, SampledValue（MSV/USV）などの通信サービスが適用できる。

3.1.1〜11 項では変電所における監視制御でおもに必要とされる通信サービスについて説明する。

3.1.1　GenServer クラス

GenServer クラスは外部から見える装置（IED）の挙動を示しており，図 3.1 に示すように，サービスアクセスポイント（属性名：ServiceAccessPoint），論理デバイス（属性名：LogicalDevice），ファイルシステム（属性名：FileSystem），接続形態（属性名：TPAppAssociation ならびに MCAppAssociation）などの情報を管理している。

装置がもつ情報は**図 3.3** に示すような階層構造となっている。これらの情報にアクセスするための通信サービスが図のように GetXXDirectory,

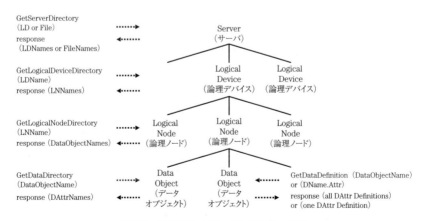

図 3.3　装置がもつデータと関連サービス
（IEC 61850-7-2　Figure 6 をもとに作成）

GetXXDefinition として提供されている。装置に含まれる**論理装置**（logical device），論理ノード，データオブジェクトに対応する通信サービスを順次用いることでアクセスできる。

3.1.2 Association モデル

IEC 61850 では，以下の通信形態が用意されている。

- TPAA： two-party application association

  クライアント（client）とサーバ（server）間のユニキャスト通信（一対一通信）。サービス要求とそれに対する応答確認を伴う。クライアントとは，コマンドの送信やデータの受信を行う装置である。またサーバとは，クライアントの要求により必要なデータをクライアントに提供する装置である。例えば変電所保護制御システムでは SCADA がクライアントであり，BCU，保護リレーなどがサーバとなる。

- MCAA： multicast application association

  GOOSE や Sampled Value サービスで用いられるマルチキャスト通信。1 方向通信で応答確認はない。

図 3.4 と**図 3.5** にそれぞれの通信形態の通信シーケンスを示す。TPAA の通信サービスとしては接続開始の Associate，異常終了の Abort，正常終了の Release がある。MCAA の通信の開始・終了は，GOOSE や Sampled Value の**起動・停止**（enable/disable）を指定することで行われる。

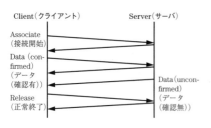

図 3.4 通信シーケンス（TPAA）
（IEC 61850–7–2 Figure 7 をもとに作成）

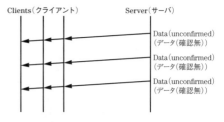

図 3.5 通信シーケンス（MCAA）
（IEC 61850–7–2 Figure 9 をもとに作成）

3.1.3 GetDataValues/SetDataValues ― データ読出/書込

IEC 61850 の基本的な通信サービスであり，論理ノードのデータオブジェクトの読出/書込を行う。**図 3.6** にこれらの通信サービスの概要を示す。

GetDataValues，SetDataValues は装置の論理ノードのデータオブジェクト，その CDC の DataAttribute およびそれらの FC（functional constraint）を指定してデータ読出/書込を行う。GetDataDirectory は，指定したデータオブジェクトに含まれるデータ属性名を取得する。GetDataDefinition は指定したデータオブジェクトの定義情報の取得を行う。論理デバイスや論理ノードを取得するためにはおのおの GetServerDirectory，GetLogicalDeviceDirectory を用いる。

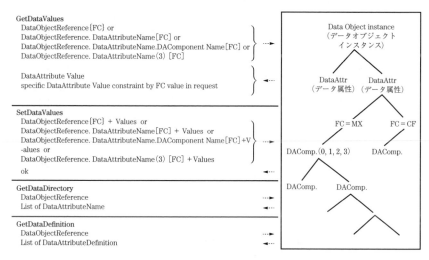

図 3.6 データ読出/書込 通信サービスの概要
（IEC 61850-7-2 Figure 12 をもとに作成）

なお，機能制約 FC の種類と意味を**表 3.2** に示す。

表 3.2 機能制約（FC）の内容（IEC 61850-7-2 Table 20 をもとに作成）

FunctionalConstraint values（機能制約の内容）		
FC （データ 種別）	Semantic （定義）	Services allowed （可能なサービス）
ST	Status information （状態情報）	読取，代用，レポート，ログなどに使用される値をもつ状態情報を表現するデータ属性。書込不可。

表 3.2 (つづき)

FunctionalConstraint values (機能制約の内容)		
FC (データ 種別)	Semantic (定義)	Services allowed (可能なサービス)
MX	Measurands (analogue values) (測定値：アナログ値)	読取，代用，レポート，ログなどに使用される値をもつ測定値を表現する データ属性。書込不可。
SP	Setting (outside setting group) (設定)	読取/書込可能な設定値情報を表現するデータ属性，値の変化は即時有効化 し，レポートされる。
SV	Substitution (置換，代用)	代用値として読取/書込される代用情報を表現するデータ属性。
CF	Configuration (構成)	読取/書込可能な構成情報を表現するデータ属性。値の変化は，即時有効化/ 規格外の理由による有効化の遅延が可能。変化した値はレポートされる。
DC	Description (説明)	読取/書込可能な説明情報を表現するデータ属性。
SG	Setting group (設定グループ)	3.1.7 を参照。
SE	Setting group editable (編集可能な設定グループ)	3.1.7 を参照。
SR	Service response (サービス応答)	値をレポートおよびログするために使用する実行記録オブジェクトをもつ異 なるプロセスオブジェクトからのデータを表現するデータ属性。書込不可。 Tracking サービスに使用される。
OR	Operate received (操作指令受信)	操作要求を受信するデータオブジェクトの操作要求結果を表現するデータ属 性。操作禁止の場合も同様。
BL	Blocking (ブロッキング)	値の更新をブロックするために使用するデータ属性。
EX	Extended definition (applica- tion name space) (拡張，アプリケーションの名 前空間)	名前空間を表現するデータ属性。名前空間は，IEC 61850-7-3, 7-4 にて規定 される LN，DO，DA の意味を定義するために使用される。FC＝EX を持つ データ属性は書込不可。コントロールブロックのプライベートな拡張は， SCSM レベルで FC＝EX が使用される。
XX	Representing all DataAttributes as a service parameter (サービスパラメータとしての 全データ属性の表記)	読取/書込にアクセスされる (任意の FC の) データオブジェクトすべての データ属性を表現する。FC＝XX は機能制約データ (FCD) でのみ使用され， データ属性の FC 値として使用不可。

(注) 属性への書込は，実装などにより制限される可能性がある。

3.1.4 Report — 計測，イベント伝送

Report は計測データの定周期伝送，状態変化などのイベント伝送，異常・警報などの通知のためのサービスである。**図 3.7** に Report サービスの構成を示す。なお，データ記録を行う Log サービスも同様な構造をもつ。Report サービスでは論理ノードのデータオブジェクトの値・状態に応じて data set で定義された通信メッセージが生成され，要求元に送付される。このときの通信制御は Report Control Block に伝送間隔などの制御パラメータを設定することにより行う。Log サービスの場合には生成された通信メッセージは装置内に Log として記録され，クライアントから検索要求に応じて Log の検索結果が返送される。

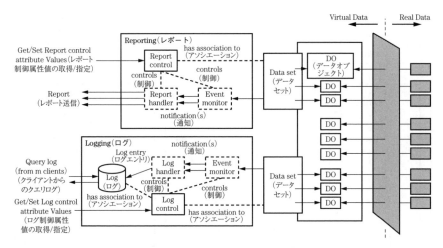

図 3.7 基本的な Report と Log の構成
(IEC 61850–7–2 Figure 23 をもとに作成)

Report サービスには以下の 2 種類がある。これらの通信機能は目的・用途に応じて使い分ける。以下では buffered–report について述べるが下記の違い以外については unbuffered–report も同様である。

- buffered–report： 通信メッセージを装置内にバッファリングしておく方式である。通信異常などの場合においても，通信回復後バッファリングした通信メッセージを送信しデータ欠損のないようにすることができる。（用途例：機器情報や警報などのイベント送信）

- unbuffered–report： 通信メッセージを装置内にバッファリングすることなく送信する。通信異常などの場合にはデータ欠損となる（用途例：計測値などの定周期送信）。

図 3.8 に buffered–report の処理フローを示す。最初に変電所ゲートウェイなどのクライアント側から Report 要求と起動を行う。これに対して，サーバ側では data set のデータを監視し，条件が合致したデータの送信を行う。クライアントとサーバ間の通信接続が失われた場合には通信データのバッファリングを行い，通信が回復した時点でそのデータを送信する。クライアント側からの通信停止要求で Report を停止する。

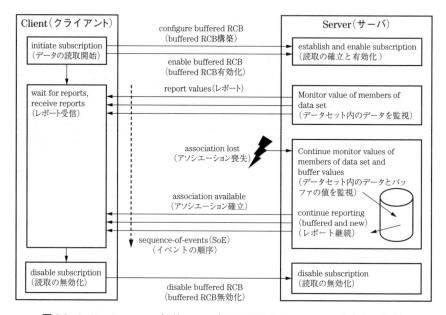

図 3.8 buffered–report の処理フロー（IEC 61850-7-1 Figure 23 をもとに作成）

buffered–report の通信制御パラメータを保持する BRCB（buffered report control block）を**図 3.9**(a) に示す。BRCB は Report の起動・停止（enable/disable）のほかに，通信メッセージとフォーマットを定義する DatSet および OptFlds，通信条件を定義する TrgOps（trigger option）などを指定する。通信メッセージを構成する data set の定義は図 (b) に示すとおりである。TrgOps については以下の指定が可能である。

- data–change（dchg）： data set で指定したデータ値の変化
- quality–change（qchg）： data set で指定したデータ品質の変化（正常/異常）
- data–update（dupd）： data set で指定したデータの更新（データ値は同じ場合もある）
- integrity： IntgPd で指定された時間間隔（ミリ秒）での data set で指定した全データの送信
- general–interrogation（GI）： クライアントからの要求による data set で指定した全データの送信（GI を設定する）

BRCB class			
Attribute name （属性名称）	Attribute type （属性の型）	r/w （読/書）	Value/value range/ explanation （値/値の範囲/説明）
BRCBName	ObjectName		Instance name of an instance of BRCB （BRCB インスタンスのインスタンス名称）
BRCBRef	Object Reference		Path-name of an instance of BRCB （BRCB インスタンスのパス名称）
Specific to report handler（report handler の特性パラメータ）			
RptID	VISIBLE STRING129	r/w	
RptEna	BOOLEAN	r/w	
DatSet	Object Reference	r/w	
ConfRev	INT32U	r	
OptFlds	PACKED LIST	r/w	
sequence-number	BOOLEAN		
report-time-stamp	BOOLEAN		
reason-for-inclusion	BOOLEAN		
data-set-name	BOOLEAN		
data-reference	BOOLEAN		
buffer-overflow	BOOLEAN		
entryID	BOOLEAN		
conf-revision	BOOLEAN		
BufTm	INT32U	r/w	
SqNum	INT16U	r	
TrgOps	Trigger Conditions	r/w	
IntgPd	INT32U	r/w	
GI	BOOLEAN	r/w	
PurgeBuf	BOOLEAN	r/w	
EntryID	EntryID	r/w	
TimeOfEntry	EntryTime	r	
ResvTms	INT16	r/w	
Owner	OCTET STRING64	r	

Services（サービス）
Report
GetBRCBValues
SetBRCBValues

(a) BRCB クラスの定義

DATA-SET class		
Attribute name （属性名称）	Attribute type （属性の型）	Value/value range/ explanation （値/値の範囲/説明）
DSName	ObjectName	Instance name of an instance of DATA-SET （DATA-SET インスタンスのインスタンス名称）
DSRef	Object Reference	Path-name of an instance of DATA-SET （DATA-SET インスタンスのパス名称）
DSMemberRef [1…n]	(＊)	(＊) Functional con-strained data (FCD) or functional constrained data attribute (FCDA) （機能制約データ (FCD) または機能制約データ属性 (FCDA)）

Services（サービス）
GetDataSetValues
SetDataSetValues
CreateDataSet
DeleteDataSet
GetDataSetDirectory

(b) DATA-SET（DS）クラスの定義

17.2.2.11 TrgOps – trigger options
The attribute TrgOps shall specify the trigger conditions which shall be monitored by this BRCB. The following values are defined:
（属性 TrgOps は，この BRCB によって監視される以下の値で定義されるトリガ条件を指定しなければならない。）
– data-change (dchg)
– quality-change (qchg)
– data-update (dupd)
– integrity
– general-interrogation

(c) TrigOps-trigger options

図 3.9 BRCB の内容
(IEC 61850-7-2 17.2.2.11, Table 24, 37 をもとに作成)

レポートフォーマットを**表 3.3** に示す。ヘッダーには最初に ReportID（RptID）があり BRCB の**オプション指定**（OptFlds）に応じてシーケンス番号，セグメント指定，data set 参照（DatSet），などが置かれる。**データ内容**（Entry）にはタイムスタンプと data set で指定したデータなどが置かれる。

表 3.3　レポートフォーマット（IEC 61850-7-2　Table 38 をもとに作成）

ReportFormat（レポートのフォーマット）		
Parameter name（パラメータ名称）	Parameter type（パラメータ型）	Explanation（説明）
RptID	VISIBLE STRING129 (注)	レポート ID
OptFlds	(注)	レポートに含まれるオプションフィールド
IF sequence-number = TRUE in OptFlds		
SqNum	INT16U	シーケンス番号
SubSqNum	INT16U	サブシーケンス番号
MoreSegmentsFollow	BOOLEAN	同一シーケンス番号をもつほかのレポートセグメントフロー
IF dat-set-name = TRUE in OptFlds		
DatSet	ObjectReference (注)	参照データセット
IF buffer-overflow = TRUE in OptFlds		
BufOvfl	BOOLEAN	TRUE の場合，バッファオーバフロー発生を意味する
IF conf-revision = TRUE in OptFlds		
ConfRev	INT32U	
Entry		
IF report-time-stamp = TRUE in OptFlds		
TimeOfEntry	Entry Time	
IF entryID = TRUE in OptFlds		
EntryID	EntryID	
EntryData　[1..n]		
IF data-reference = TRUE in OptFlds		
DataRef	ObjectReference	それぞれの参照データ属性
Value	(＊)	(＊) Value の型は，CDC の定義に依存する。
IF reason-for-inclusion = TRUE in OptFlds		
ReasonCode	ReasonForInclusion	

（注）このパラメータの型と値は，BRCB または URCB のそれぞれの属性から導出される。

図 3.10 に data set の指定方法による通信メッセージの違いを示す。図の左側では data set のデータ指定で DataAttribute の stVal までを指定しており，右側ではデータオブジェクトの Pos までを指定している。この場合に stVal の値が変化したときに，左側の data set 指定では stVal のみが通信メッセージとして送

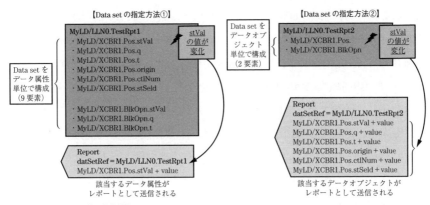

図3.10 Data set の指定方法と通信メッセージ
(IEC61850-7-2 Figure 32 をもとに作成)

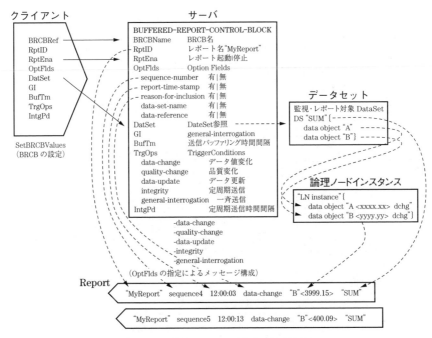

図3.11 通信メッセージ作成の処理手順
(IEC 61850-7-2 Figure 33 をもとに作成)

信される。一方，右側の data set 指定では Pos に含まれる FC = ST で，すべての DataAttribute である stVal，q，t，origin，ctlNum，stSeld が送信される。

図 **3.11** に通信メッセージ作成の処理手順を示す。最初にクライアントからサーバの BRCB に data set などの指定を行い，Report 処理を起動する（RptEna）。この例では，data set で指定したデータ（データオブジェクト "B"）の値が変化した時点で図に示す通信メッセージが作成され，要求元のクライアントに Report が送信される。通信メッセージの構成は以下のとおりとされる。

- ヘッダー：   ReportID の "MyReport"，シーケンス番号，イベント要因の data-change
- データ内容：   データ名 "B"，データ値
- Data set 名：   "SUM"

図 **3.12** に TrgOp の dchg，qchg の例と，そのときの FC 指定に応じて作成される通信メッセージの送信データ選択の例を示す。

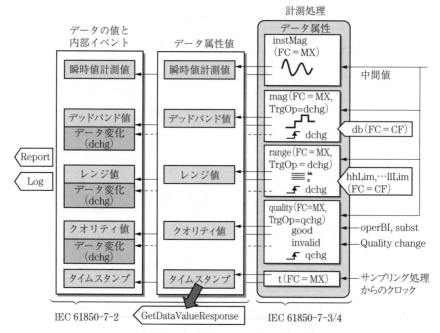

図 3.12 TrgOp と FC 指定による通信メッセージの送信データ選択の例
（IEC 61850-7-1   Figure 20 をもとに作成）

3.1.5　Log　―記録・検索

計測データ，状態変化などのイベント，異常・警報などの記録と検索のための通信サービスが Log サービスである。Report と Log は基本的な部分は同一の処理であるが Report が通信メッセージを送出するのに対して Log は内部データとして記録する。記録したデータはクライアントからの検索要求に対して当該データを返送する。

図 3.13 に Log サービスの構成を示す。Log サービスでは論理ノードのデータオブジェクトの値・状態に応じて data set で定義された記録データが生成され保存される。このときの制御は LCB（log control block）に記録条件などのパラメータを設定することにより行う。

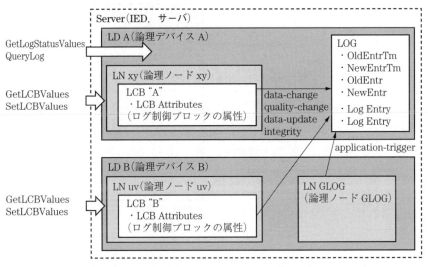

図 3.13　Log サービスの構成（IEC 61850-7-2　Figure 34 をもとに作成）

図 3.14 に LCB と Log の記録データ形式を示す。Log の記録データはサイクリックバッファとして実装される。LCB の data set（DatSet）で定義されたデータ項目が記録データの EntryData に対応する。EntryData［1..n］には記録の原因となったイベントのタイムスタンプ（TimeOfEntry）が付けられ，最新および最古の Entry 番号とタイムスタンプが保持される。

LCB class			
Attribute name （属性名称）	Attribute type （属性の型）	r/w （読/書）	Value/value range/ explanation （値/値の範囲/説明）
LCBName	ObjectName		Instance name of an instance of LCB （LCB インスタンスの インスタンス名称）
LCBRef	Object Reference		Path-name of an instance of LCB （LCB インスタンスの パス名称）
Specific to log handler （log handler の特性パラメータ）			
LogEna	BOOLEAN	r/w	
DatSet	Object Reference	r/w	
OptFlds	PACKED LIST	r/w	
reason-for -inclusion	BOOLEAN		
BufTm	INT32U	r/w	
TrgOps	Trigger Conditions	r/w	Valid values for TrgOps of type TriggerConditions shall be dchg, qchg, dupd, and integrity （TriggerConditions 型 の値は，dchg，qchg， dupd，integrity）
IntgPd	INT32U	r/w	1..MAX; 0 implies no integrity logging. （範囲：1…MAX，0 は ロギングを実施しない ことを意味する。）
Specific to building the log （building the log の特性パラメータ）			
LogRef	Object Reference	r/w	

Services （サービス）
GetLCBValues
SetLCBValues

LOG class			
Attribute name （属性名称）	Attribute type （属性の型）	r/w （読/書）	Value/value range/ explanation （値/値の範囲/説明）
LogName	Object Name		Instance name of an instance of LOG （LOG インスタンス のインスタンス名称）
LogRef	Object Reference		Path-name of an instance of LOG （LOG インスタンス のパス名称）
OldEntrTm	TimeStamp	r	
NewEntrTm	TimeStamp	r	
OldEntr	INT32U	r	
NewEntrTm	INT32U	r	
Entry ［1…n］			
TimeOfEntry	EntryTime		
EntryID	EntryID		
EntryData ［1…n］			
DataRef	Object Reference		
Value	（＊）		（＊）type(s) depend on the definition of the concerned common data classes (CDC) （Value の型は，CDC の定義に依存する。）
ReasonCode	ReasonForInclusion		ReasonCode gen- eral-interrogation は 無し。

Services （サービス）
QueryLogByTime
QueryLogAfter
GetLogStatusValues

　　　(a)　LCB クラスの定義　　　　　　　　　(b)　LOG クラスの定義

図 3.14　LCB と Log 記録データ形式
（IEC 61850-7-2　Table 40，41 をもとに作成）

　図 3.15 に Log の記録データの検索サービスを示す。QueryLogByTime は最初 と最後の時間を指定して記録データを取得する。QueryLogAfter は開始時間と Entry 番号を指定してそれ以降の記録データを取得する。GetLogStatusValues は記録データの最古と最新のデータを取得する。

Parameter name (パラメータ名称)
Request
LogReference
RangeStartTime [0…1]
RangeStopTime [0…1]
Response +
ListOfLogEntries
Response −
ServiceError

Parameter name (パラメータ名称)
Request
LogReference
RangeStartTime
Entry
Response +
ListOfLogEntries
Response −
ServiceError

Parameter name (パラメータ名称)
Request
LogReference
Response +
OldestEntryTime
NewestEntryTime
OldestEntry
NewestEntry
Response −
ServiceError

(a) QueryLogByTime　　　(b) QueryLogAfter　　　(c) GetLogStatusValues

図 3.15 記録データの検索サービス
(IEC 61850-7-2 17.3.5.2～4 をもとに作成)

3.1.6 Control —— 直接制御・選択制御

遮断器や断路器への開閉操作などの制御のための通信サービスが Control である。**図 3.16** は遮断器の投入制御とそれに関連する論理ノード，CDC（common data class）およびそれらに対応する規格の関係を示している。これらをもとに遮断器オブジェクトの XCBR1 を作成する。開閉制御を実施する際は，遮断器の開閉状態を表す XCBR1.Pos に対して Control サービスの Operate を用いて投入指令（Operate XCBR1.Pos（on））を送信する。この投入指令により遮断器投入が行われ Report サービスにより投入結果の遮断器開閉状態が通知される。

Control サービスとしては以下のものがある。

- Select（Sel）/SelectWithValue（SelVal）；
- Cancel；
- Operate（Oper）/TimeActivatedOperate（TimOper）/
  TimeActivatedOperateTermination（TimOperTermination）；
- CommandTermination（CmdTerm）．

Control サービスのモデルを**図 3.17** に示す。

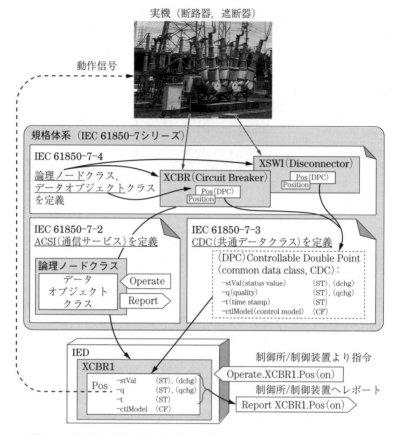

図 3.16 遮断器の投入制御に関連する論理ノードと CDC, 規格との関連性
(IEC 61850-7-1 Figure 65 をもとに作成)

制御の形態としては以下に示す 4 種類がある.

- Case 1 : Direct control with normal security；(応動監視なし一挙動制御)

- Case 2 : SBO control with normal security；(応動監視なし二挙動制御, または応動監視なし選択制御)

- Case 3 : Direct control with enhanced security；(応動監視つき一挙動制御)

- Case 4 : SBO control with enhanced security；(応動監視つき二挙動制御, または応動監視つき選択制御)

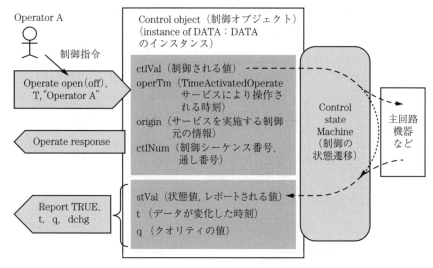

図 3.17 Control サービスのモデル
(IEC 61850-7-2 Figure 37 をもとに作成)

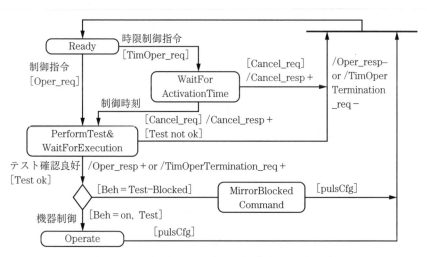

図 3.18 応動監視なし一挙動制御の状態遷移（抜粋）
(IEC 61850-7-2 Figure 38 をもとに作成)

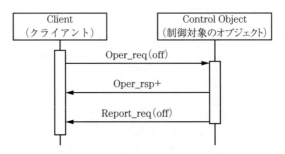

図 3.19　応動監視なし一挙動制御の制御シーケンス
（IEC 61850–7–2　Figure 39 をもとに作成）

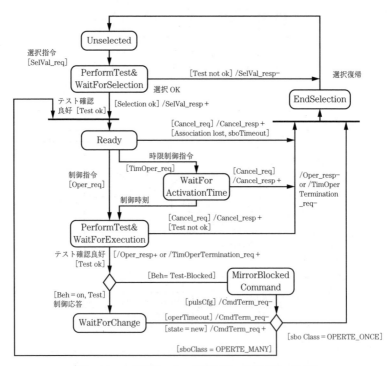

図 3.20　応動監視つき二挙動制御の状態遷移（抜粋）
（IEC 61850–7–2　Figure 42 をもとに作成）

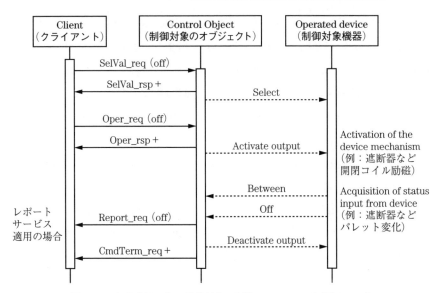

図 3.21 応動監視つき二挙動制御の制御シーケンス（正常ケース）
（IEC 61850-7-2　Figure 43 をもとに作成）

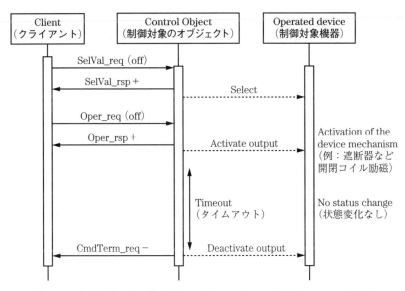

図 3.22 応動監視つき二挙動制御の制御シーケンス（異常ケース；不応動）
（IEC 61850-7-2　Figure 44 をもとに作成）

開閉器制御などによく使用される Case1 と Case4 について説明する。Case1 の応動監視なし一挙動制御の場合には，Operate，TimeActivatedOperate，Cancel サービスを用いる（用途例：LED テスト，ヒータスイッチなど）。Case1 の状態遷移図を**図 3.18** に，シーケンス図を**図 3.19** に示す。ここで，状態遷移図の矢印上の ［Oper_req］は Operate サービス要求，/Oper_resp＋はその応答メッセージを示している。

Case4 の二挙動制御（SBO：select before operate）・応動監視つき（enhanced security）の場合には，SelectWithValue，Cancel，Operate，TimeActivatedOperate，CommandTermination サービスを用いる（用途例：遮断器，断路器，変圧器タップ制御など）。Case4 の状態遷移図を**図 3.20** に，シーケンス図を**図 3.21**，**図 3.22** に示す。

3.1.7　Setting　— 設定・整定

Setting サービスを用いると複数の設定値の一貫性を保った管理が可能である。Setting サービスを利用する場合，対応する CDC（common data class）のデータ属性の FC は，SG または SE とする。以下に Setting サービスの概要を示す。

図 3.23 に Setting サービスの例を示す。ここでは論理ノード PVOC と PDIF の整定データが示されている。これらの整定データは FC＝SG，SE として定義されている。SGCB（setting group control block）では整定値の複数のグループをもつことができる。この例では＃1，＃2，＃3 の三つのグループとしている。これらのグループの中で現在使用中のグループが Active setting group であり，この例では＃1 が該当する。また，この例において＃3 のグループが編集中であることを表しており，この整定値はエディットバッファを用いて編集・修正が可能である。編集・修正が終了したエディットバッファは一括して＃3 のグループに保存される。

表 3.4 に Setting サービスの一覧を示す。**表 3.5** に SGCB クラスの定義を示す。また**図 3.24** に Setting サービスの仕様を示す。

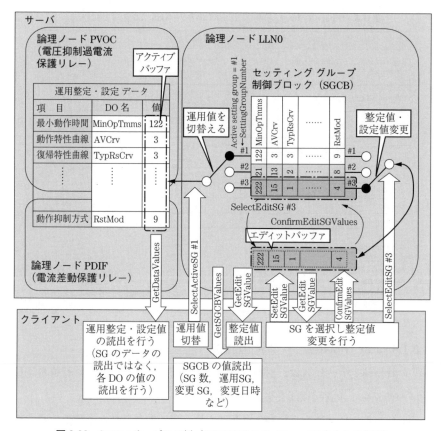

図 3.23 Setting サービスの例（IEC 61850-7-2　Figure 22 をもとに作成）

表 3.4 Setting サービス一覧（IEC 61850-7-2　16.3.1 をもとに作成）

Service （サービス）	Description （説明）
SelectActiveSG	Select which **SettingGroup** shall become the active **SettingGroup** （有効にする SettingGroup を選択する）
SelectEditSG	Select which **SettingGroup** shall become the **SettingGroup** that can be edited after selecting （選択後に編集可能となる SettingGroup を選択する）
SetEditSGValue	Write value(s) to the **SettingGroup** which has been selected for editing （編集対象として選択されている SettingGroup への値書込）
ConfirmEditSGValues	Confirm that the new value to the **SettingGroup** which has been selected for editing become the value of the **SettingGroup** （書き込まれる新しい値が SettingGroup の値になることの確認）
GetEditSGValue	Read value from the **SettingGroup** which has been selected for editing (FC = SE) or the active **SettingGroup** (FC = SG)（編集対象として選択されている SettingGroup（FC = SE） または有効な SettingGroup（FC = SG）の値読取）
GetSGCBValues	Read all attribute value of the **SGCB**（SGCB のすべての属性値の読取）

表 3.5 SGCB クラスの定義（IEC 61850-7-2 Table 36 をもとに作成）

SGCB class				
Attribute name （属性名称）	Attribute type （属性の型）	r/w （読/書）	Value/value range/explanation （値/値の範囲/説明）	M/O/C （必須/オプション/ 条件つき）
SGCBName	ObjectName	——	Instance name of an Instance of SGCB （SGCB インスタンスのインスタンス名称）	M
SGCBRef	ObjectReference	——	Path-name of an Instance of SGCB （SGCB インスタンスのパス名称）	M
NumOfSG	INT8U	r	n = NumOfSG	M
ActSG	INT8U	r/w	Allowable range: 1 ⋯ n	M
EditSG	INT8U	r/w	Allowable range: 0 ⋯ n	M
CnfEdit	BOOLEAN	w		M
LActTm	TimeStamp	r		M
ResvTms	INT16U	r		O

Services（サービス）
SelectActiveSG
SelectEditSG
SetEditSG
ConfirmSGValues
GetEditSGValue
GetSGCBValues

3.1.8 File transfer ― ファイル転送

File transfer サービスは，クライアントとサーバ間のファイル転送および
サーバのファイル管理機能を提供する。

File transfer サービスのおもな用途は，サーバに保存された系統事故時や擾
乱時のデータのサーバからの読出しであり，ファイル形式としては
COMTRADE（common format for transient data exchange）が想定されてい
る[19]。ただし，File transfer サービスは，ファイル形式や内容に依存しないため
どのようなファイルでも扱うことができる。

FILE クラスの定義を**表 3.6** に示す。ファイルサイズ（FileSize）が決まらな
い場合（COMTRADE ファイルのように実行時に動的に決まる場合など）には
FileSize は 0 とする。File transfer サービスには，以下のものがある。

- GetFile： クライアントからのサーバのファイルの読出
- SetFile： クライアントからのサーバのファイルの書込
- DeleteFile： クライアントからのサーバのファイルの削除

(a) 16.3.2　SelectActiveSG
16.3.3　SelectEditSG

Parameter name （パラメータ名称）
Request
SGCBReference
SettingGroupNumber
Response +
Response −
ServiceError

(b) 16.3.4　SetEditSGValue

Parameter name （パラメータ名称）
Request
Reference
DataAttributeValue [1⋯n]
Response +
Response −
ServiceError

(c) 16.3.5
ConfirmEditSGValues

Parameter name （パラメータ名称）
Request
SGCBReference
Response +
Result
Response −
ServiceError

SGCBReference は，ObjectReference LDName/LLN0.SGCB. を含む
Reference は，FCD（functional constrained data）もしくは FCDA（functional constrained data attribute）を定義する

(d) 16.3.6　GetEditSGValue

Parameter name （パラメータ名称）
Request
Reference
Response +
DataAttributeValue [1⋯n]
Response −
ServiceError

(e) 16.3.7　GetSGCBValues

Parameter name （パラメータ名称）
Request
SGCBReference
Response +
NumberOfSettingGroup
ActiveSettingGroup
EditSettingGroup
LastActiveTime
ResvTms [0⋯1]
Response −
ServiceError

図 3.24　Setting サービス（IEC 61850-7-2　16.3.2〜7 をもとに作成）

表 3.6　FILE クラスの定義（IEC 61850-7-2　Table 56 をもとに作成）

FILE class		
Attribute name （属性名称）	Attribute type （属性の型）	Value/value range/explanation （値/値の範囲/説明）
FileName	VISIBLE STRING255	
FileSize	INT32U	
LastModified	TimeStamp	

Services（サービス）
GetFile
SetFile
DeleteFile
GetFileAttributeValues

● GetFileAttributeValue： クライアントからのサーバの FILE クラスの属性
の読出

3.1.9　GOOSE　— 高速高信頼イベント伝送

GOOSE（generic object oriented substation event）は高速で高信頼なイベン
ト送信を提供する通信サービスである。効率的な通信を行うためにマルチキャ
ストにより複数の装置に同時にイベントを配信する。GOOSE は配信予約
（Publisher/Subscriber）方式で行われる。GOOSE サービスの概要を**図 3.25** に
示す。

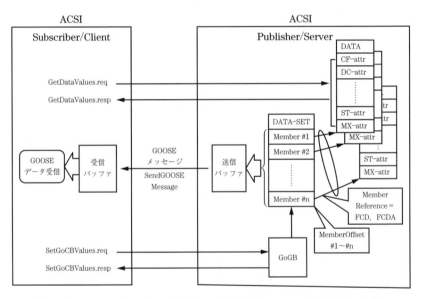

図 3.25　GOOSE サービスの概要（IEC 61850-7-2　Figure 35 をもとに作成）

GOOSE を利用する場合の接続確立は MCAA を使用する。GOOSE を利用した
メッセージは data set で定義する。data set で指定されたデータオブジェクト
のイベント発生（TrgOp の dchg 検出）時に GOOSE メッセージが送信される。
GOOSE メッセージは**図 3.26** に示すように，指定された時間間隔で同一のメッ
セージが送信される。T1 はイベント発生時の GOOSE メッセージ送信の最短時

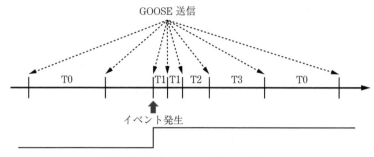

T0 ：定常状態における GOOSE 送信時間間隔
T1 ：イベント発生後の最も短い GOOSE 送信時間間隔
T2, T3 ：定常状態までの間に再送する GOOSE 送信時間間隔

図 3.26 GOOSE 送信の時間間隔（IEC 61850-8-1 Figure 8 をもとに作成）[6]

間間隔である。その後 T2，T3 と送信時間間隔を長くし，最終的には最長の時間間隔 T0 で送信を続ける。以上により，高信頼な通信を実現している。

表 3.7(a) に GOOSE control block（GoCB）を示す。GoEna は GOOSE メッセージ送信の開始・終了を指定する。data set（DatSet）は GOOSE メッセージを構成するデータオブジェクトの参照を指定する。これらの設定・参照は SetGoCBValues, GetGoCBValues サービスを用いて行う。

表(b)に GOOSE メッセージの構成を示す。GOOSE メッセージの StNum はイベントごとに更新されるカウンタである。タイムスタンプ T は StNum の値が更新された時刻とされる。SqNum はイベントごとに 0 にリセットされ，GOOSE メッセージの送信ごとにカウントアップされる。GOOSE メッセージには data set で指定されたデータオブジェクトの値が Value として設定される。

表 3.7 GOOSE の control block class とメッセージ

(a) GOOSE control block class の定義（IEC 61850-7-2 Table 42 をもとに作成）

GoCB class			
Attribute name （属性名称）	Attribute type （属性の型）	r/w （読/書）	Value/value range/explanation （値/値の範囲/説明）
GoCBName	ObjectName		Instance name of an instance of GoCB （GoCB インスタンスのインスタンス名称）

表 **3.7**(a)　(つづき)

GoCB class			
Attribute name （属性名称）	Attribute type （属性の型）	r/w （読/書）	Value/value range/explanation （値/値の範囲/説明）
GoCBRef	ObjectReference		Path-name of an instance of GoCB （GoCB インスタンスのパス名称）
GoEna	BOOLEAN	r/w	Enabled（TRUE）|disabled（FALSE）
GoID	VISIBLE STRING129	r/w	Attribute that allows a user to assign an identification for the GOOSE message （GOOSE メッセージの ID）
DatSet	ObjectReference	r/w	
ConfRev	INT32U	r	
NdsCom	BOOLEAN	r	
DstAddress	PHYCOMADDR	r	

Services（サービス）
SendGOOSEMessage
GetGoReference
GetGOOSEElementNumber
GetGoCBValues
SetGoCBValues

(b)　GOOSE　メッセージの構成（IEC 61850-7-2　Table 43 をもとに作成）

GOOSE message		
Attribute name （属性名称）	Attribute type （属性の型）	Value/value range/explanation （値/値の範囲/説明）
DatSet	ObjectReference	Value from the instance of GoCB （GoCB のインスタンスからの値）
GoID	VISIBLE STRING129	Value from the instance of GoCB （GoCB のインスタンスからの値）
T	TimeStamp	
StNum	INT32U	
SqNum	INT32U	
Simulation	BOOLEAN	simulation（TRUE）|real values（FALSE）
ConfRev	INT32U	Value from the instance of GoCB （GoCB のインスタンスからの値）
NdsCom	BOOLEAN	Value from the instance of GoCB （GoCB のインスタンスからの値）
GOOSEData ［1..n］		
Value	（＊）	（＊）Value の型は，CDC の定義に依存する。

3.1.10 Sampled Value — 瞬時値伝送

Sampled Value（SV）サービスでは瞬時値入力（サンプリング）と送信の時刻管理が必要とされる。また CT，VT 入力のサンプリング同期のために時刻サーバとマイクロ秒オーダーの時刻同期精度が必要とされる。

Sampled Value サービスは予約・配信（publisher/subscriber）方式で行われる。Sampled Value サービスの構成を**図 3.27**（MSVCB：マルチキャストのみ記載）に示す。

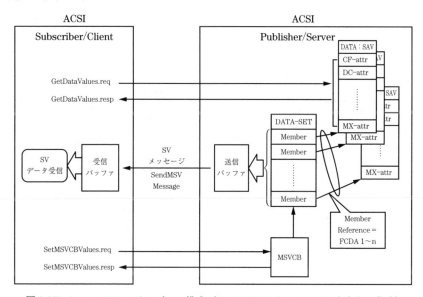

図 3.27 Sampled Value サービスの構成（IEC 61850-7-2 Figure 36 をもとに作成）

Sampled Value サービスを利用する場合の接続確立は MCAA あるいは TPAA とする。Sampled Value サービスでは，マルチキャストが一般的である。以下では MCAA について説明するが，TPAA の場合にも基本的な仕様は同様である。Sampled Value サービスの通信メッセージの内容は data set で定義され，Sampled Value Control Block（SVCB）の**サンプリングレート**（SmpRate）で生成する。Sampled Value メッセージの送信間隔については，実装仕様により決定する[7]。電圧・電流に関する data set として A/B/C/n 相の 8 データ，おおよそ 4 000〜6 000 Hz の SmpRate としている。

表 3.8(a) に MSVCB class の定義を示す。SvEna は Sampled Value サービスの開始・終了を指定する。data set（DatSet）は Sampled Value メッセージを構成するデータオブジェクトの参照を指定する。これらの設定・参照は SetMSVCBValues, GetMSVCBValues サービスを用いて行う。また，表(b) に Sampled Value メッセージの構成を示す。Sample に data set を指定したデータオブジェクトの値が Value として設定される。SmpCnt はサンプリングカウントを示す。異なる場所でのサンプリングデータを用いる場合にはそれぞれのサンプリングカウントを同期させ一致させる。データサンプリング（入力）時のタイムスタンプはデータオブジェクトに付加される（共通データクラス SAV の

表 3.8　Sampled Value の control block class とメッセージ

(a)　MSVCB class の定義（IEC 61850–7–2　Table 44 をもとに作成）

MSVCB class			
Attribute name （属性名称）	Attribute type （属性の型）	r/w （読/書）	Value/value range/explanation （値/値の範囲/説明）
MsvCBName	ObjectName	──	Instance name of an instance of **MSVCB** （MSVCB インスタンスのインスタンス名称）
MsvCBRef	ObjectReference	──	Path–name of an instance of **MSVCB** （MSVCB インスタンスのパス名称）
SvEna	BOOLEAN	r/w	
MsvID	VISIBLE STRING129	r/w	
DatSet	ObjectReference	r/w	
ConfRev	INT32U	r	
SmpMod	ENUMRATED	r/w	sample per normal period（DEFAULT) |samples per second |seconds per sample
SmpRate	INT16U	r/w	(0...MAX)
OptFlds	PACKED LIST	r/w	
refresh–time	BOOLEAN		
reserved	BOOLEAN		
sample–rate	BOOLEAN		
data–set–name	BOOLEAN		
DstAddress	PHYCOMADDR	r	

Services（サービス）
SendMSVMessage
GetMSVCBValues
SetMSVCBValues

表 **3.8** （つづき）

(b) Sampled Value メッセージの構成 （IEC 61850-7-2 Table 46 をもとに作成）

Sampled value format		
Attribute name （属性名称）	Attribute type （属性の型）	Value/value range/explanation （値/値の範囲/説明）
MsvID or UsvID	VISIBLE STRING129	Value from the MSVCB or USVCB （MSVCB または USVCB の ID）
OptFlds	（注）	Optional fields to be included in the SV message （SV メッセージに含まれるオプションフィールド）
DatSet	ObjectReference	
Sample ［1..n］		
Value	（＊）	（＊）The value of the member of the instance of the DATA-SET referenced by the MSVCB or USVCB （MSVCB または USVCB による DATA-SET インスタンスの値。データの CDC は，SAV が一般的。）
SmpCnt	INT16U	サンプル数カウンタ
RefrTm	TimeStamp	リフレッシュ時間
ConfRev	INT32U	Configuration revision number from the instance of MSVCB or USVCB （MSVCB または USVCB インスタンスの構成バージョン番号）
SmpSynch	INT8U	Samples are synchronized by clock signals （クロック信号によるサンプリング同期）
SmpRate	INT16U	Sample rate from the instance of MSVCB or USVCB （MSVCB または USVCB インスタンスのサンプリング周波数）
SmpMod	ENUMERATED	Sample mode from the instance of MSVCB or USVCB （MSVCB または USVCB インスタンスのモード）
Simulation	BOOLEAN	simulation or test （TRUE）|operational （FALSE）

（注）パラメータの値と型は，USVCB または MSVCB の OptFlds に由来する。

データ属性 t）。

3.1.11 時 刻 同 期

時刻同期の管理は**図 3.28** に示すように**時刻サーバ**（time server）に各 IED を時刻同期させる。ここで実装する時刻同期プロトコルは SCSM（specific communication service mapping）で規定される。監視制御が主体のステーションレ

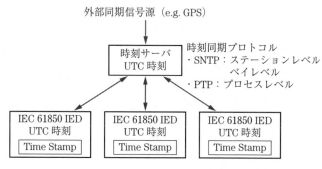

図 3.28　IEC 61850 時刻同期の構成

ベルでは SNTP（simple network time protocol）を用い 1 ミリ秒の時刻同期とする[18]。高精度の時刻同期が必要なプロセスレベルでは PTP（Precision Time Protocol, IEEE 1588）などを用い 1 マイクロ秒の時刻同期とする[16]。

　IEC 61850 の時刻管理では 1970 年 1 月 1 日を起点とする UTC（coordinated universal time：協定世界時）時刻を用いる。**タイムスタンプ型**（TimeStamp）のデータ構成を**表 3.9** に示す。SecondSinceEpoch は起点からの秒数，FractionOfSecond 秒以下の時刻を示し，24 ビット（60 ナノ秒）の精度まで表現できる。TimeQuality はうるう秒の有無，時刻同期精度などを示す。

表 3.9　タイムスタンプ型のデータ構成（IEC 61850-7-2　Table 7 をもとに作成）

TimeStamp type definition			
Attribute name （属性名称）	Attribute type （属性の型）	Value/value range/explanation （値/値の範囲/説明）	M/O （必須要素/ オプション要素）
SecondSinceEpoch	INT32U	(0...MAX)	M
FractionOfSecond	INT24U		M
TimeQuality	TimeQuality		M

　時刻同期精度は対象とするアプリケーションごとに要求される精度が異なるため，**表 3.10** に示す時刻同期精度クラスを決定している。例えば監視制御は T1，開閉極位相制御は T2，サンプリング入力は T4，電力品質監視計測用途などの高速サンプリング入力は T5 としている[1]。

表 3.10 時刻同期精度クラス（IEC 61850-5 Table 3 をもとに作成）

Time synchronization class（時刻同期クラス）	Accuracy Synchronization error（時刻同期精度）	Application（アプリケーション）
T5	1 μs	高精度な時刻同期が要求される送電系統用保護制御機能，0.2 級取引用計量機能，電力品質監視機能（40 次）などへ使用される瞬時値への時刻づけ，または，サンプリング同期機能（マージングユニット）
T4	4 μs	送電系統用保護制御機能，0.5 級取引用計量機能などへ使用される瞬時値への時刻づけ，または，サンプリング同期機能（マージングユニット）
T3	25 μs	配電系統用保護制御機能へ使用される瞬時値への時刻づけ，またはサンプリング同期機能（マージングユニット）
T2	100 μs	分散型同期機能[注]，開閉極位相制御機能など（保護制御 IED）
T1	1 ms	1 ms 精度が要求されるイベントへの時刻づけ機能（保護制御 IED）
T0	10 ms	10 ms 精度が要求されるイベントへの時刻づけ機能（保護制御 IED）
TL	>10 ms	100 ms を超える精度のイベントへの時刻づけ機能（保護制御 IED）

（注）自 IED で取り込む電圧情報とほかの IED から LAN 経由で配信される電圧情報を使用した同期検定機能のこと。代表例として，自 IED で取り込む送電線電圧情報とほかの IED から LAN 経由で配信される母線電圧情報を使用し，同期検定を行う方式がある。

 ## 3.2 変電所構内および広域通信ネットワーク

　変電所構内の通信ネットワークとしてはステーションレベルとベイレベルの間の通信を行うステーションバスと，ベイレベルとプロセスレベルの通信を行うプロセスバスがある。また変電所外との通信を行うための広域通信ネットワークとしては，送電線保護などに使われる変電所間通信ネットワーク，テレコンなどに対応した変電所−制御所間通信ネットワーク，シンクロフェーザを利用した系統観測・安定化システムなど広域系統にまたがる通信ネットワークがある。

IEC 61850 ではこれらの通信を行うために以下に示す規格を決めている。

① プロセスバスの適用　IEC 61850-90-4

② 通信の冗長化構成（RSTP，PRP，HSR）　IEC 61850-90-4

③ 変電所間通信（送電線電流差動保護など）　IEC 61850-90-1

④ 給電・制御所・変電所間通信（テレコン）　IEC 61850-90-2

⑤　シンクロフェーザ（系統観測，安定化システム）　IEC 61850–90–5，IEC
　　62361–102

3.2.1　プロセスバスの適用　IEC 61850–90–4

変電所構内ネットワーク通信ネットワークのエンジニアリングガイドライン
が IEC 61850–90–4 で示されている。この中ではプロセスバスの構成方法につ
いても記述されている[10]。

図 3.29 はプロセスバスを使用せず，電流電圧などのアナログ信号を制御
ケーブルを介して保護・制御装置に接続する従来の構成例である。**図 3.30** はプ
ロセスバスを適用した構成例である。この例では，回線単位にプロセスバスを
設置し，機器近傍で電子化 CT・VT（ECT/EVT）によりアナログ信号の A–D 変
換を行い，そのサンプリングデータがプロセスバスを介して保護・制御装置に
伝送される。プロセスバスは，サンプリングデータやトリップ信号の送受信を

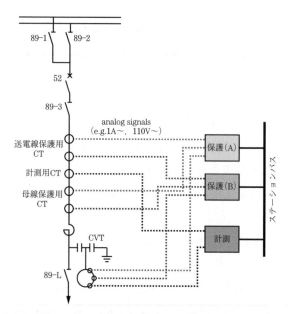

図 3.29　従来型 CT/VT 実装主回路と保護制御システム例
（IEC 61850–90–4　Figure 36 をもとに作成）

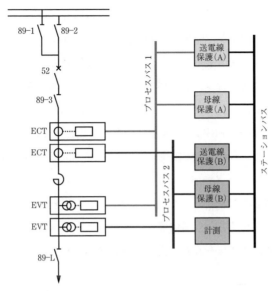

図 3.30 ECT/EVT 実装主回路とプロセスバス構成の保護制御システム例
（IEC 61850-90-4 Figure 38 をもとに作成）

行うため高速，大容量，高信頼な通信が要求され，時刻同期は 1 マイクロ秒以下であることが必要とされる。プロセスバスの高精度時刻同期のためのプロトコルとして IEEE 1588（PTP：precision time protocol）を用いる[16]。

3.2.2 通信の冗長化構成（RSTP, PRP, HSR）IEC 61850-90-4

IEC 61850 の変電所構内の通信ではイーサネット（レイヤ 2）スイッチが使われている。イーサネットの冗長構成およびそのプロトコルとして RSTP（rapid spanning tree protocol），PRP（parallel redundancy protocol），HSR（high-availability seamless redundancy protocol）がある。これらのうち RSTP はステーションバスで使われ PRP，HSR がプロセスバスで使われることが多い[10]。

RSTP はメッシュ構成のイーサネットに対して自動的にループにならないようにツリー状の LAN 構成とするプロトコルである[17]。当該プロトコルは，リンク障害やブリッジ障害に対する冗長性も提供する。ただし，エンドデバイスへのリンク障害の復旧はできない。ブリッジ障害が生じた場合，接続されている

すべてのデバイスは切り離される。リンク障害の場合，RSTP は LAN 構成を再編成し障害回復を行うが，障害からの回復時間は 100 ミリ秒程度であるため，ステーションバスを使用するアプリケーションに対しては影響を与えない。

　PRP は，リンクまたはブリッジ障害の場合にもシームレス（無停止）な運用を提供するレイヤ 2 冗長プロトコルであり，IEC 62439-3 に規定されている[13]。**図 3.31** に示すとおり，PRP は LAN を完全な二重化としており，両方の LAN は並列に独立して動作する。**二重接続ノード**（DANP：doubly attached node using PRP）を意味する PRP ノードには LAN ごとに一つずつ，合計二つのポートがある。送信元 DANP は両方の LAN 上に同じフレームを送信し，プロトコル識別子とシーケンス番号を含む通信情報（トレーラ）をペイロードに付加する。受信ノードは先着のフレームを受信し，後着フレームを破棄する。

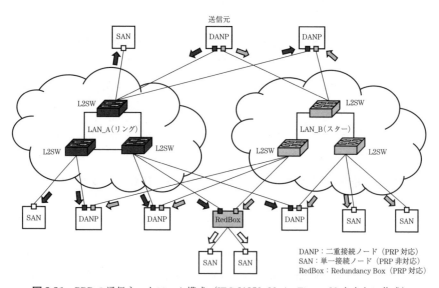

図 3.31　PRP の通信ネットワーク構成（IEC 61850-90-4　Figure 20 をもとに作成）

　なお，DANP の両方のポートが同じ MAC アドレスを使用するため，二つの LAN を接続してはならない。PRP は，定期的に監視フレームで誤った接続を検出する。

　単一のポート（単一接続ノード SAN：singly attached node）を意味する非

PRP ノードである既製のパソコンやプリンタは，任意の LAN に接続し，その LAN 内でほかのすべてのデバイスと通信することができるが冗長性はない。非 PRP ノードは RedBox（redundancy box）を介して並列な両方の LAN に接続できる。

HSR は，IEC 62439-3 に規定されており，シームレス（無停止）な通信経路障害回復をする[13]。また，HSR は PRP のフレーム複製の原則をノードのリングに適用し，一つのリングのみで冗長性を実現する。**図 3.32** に示すように HSR ノード（二重接続ノード DANH：doubly attached node using HSR）は二つのポートをもち，各ノードは二つの隣接ノードに接続され，最後のノードは最初のノードに接続されることで，回線を物理的なリング構造とする。

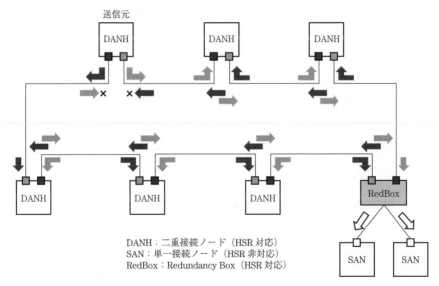

DANH：二重接続ノード（HSR 対応）
SAN：単一接続ノード（HSR 非対応）
RedBox：Redundancy Box（HSR 対応）

図 3.32　HSR の通信ネットワーク構成（IEC 61850-90-4　Figure 21 をもとに作成）

シームレスな冗長性を実現するために，ノードは同じフレームをリング上の両方向に送信し，宛先ノードは正常時には両方のネットワークポートで二つの複製フレームを受信する。このためノード内では，先着のフレームを受信し，後着フレームを破棄する。

プロセスバスに HSR を使用する場合には，5 マイクロ秒程度でフレームを転

送することが要求される。HSR フレームは特別なタグが使用されるため，単一接続ノード（SAN）は RedBox を介しての接続が必須となる。

3.2.3　変電所間通信（送電線電流差動保護など）IEC 61850–90–1

制御所・変電所間通信として IEC 61850–90–1 が規格化されており，この中で送電線電流差動保護についても規格化が行われている[8]。**図 3.33** に送電線電流差動保護リレーの構成を示す。送電線の両端に設置された電流差動リレーは送電線の自端の電流を測定する。電流差動リレーは，現在のデータ（自端電流：IA）を相手端に送信し，相手端（相手端電流：IB）から現在のデータを受信して，相手端リレーからの電流を自端の電流と比較することによって送電線の事故（内部事故）を検出する。電流差動リレーが事故を検出すると，自端遮断器にトリップ信号を出力する。

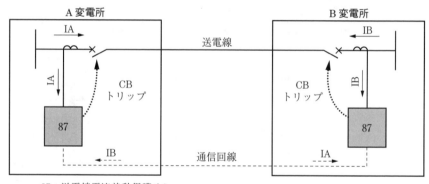

87：送電線電流差動保護リレー

図 3.33　送電線電流差動保護リレーの構成例（IEC 61850–90–1　Figure 7 をもとに作成）

図 3.34 に送電線電流差動保護リレーの論理ノード構成を示す。ここで使われる論理ノードは以下のとおりである。

- TCTR，TVTR，XCBR：　電流・電圧瞬時値入力，遮断器
- RMXU：　電流計測値
- PDIF，PTRC：　電流差動保護，保護動作条件

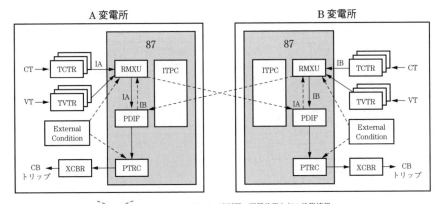

図 3.34 送電線電流差動保護リレーを実現する論理ノードの組み合わせ例
（IEC 61850-90-1　Figure 26 をもとに作成）

- ITPC：　通信インタフェース

RMXU については，フェーザ表示形式のデータと Sampled Value データのいずれも扱うことができる。どちらも両端で同期がとられた時刻情報と合わせて伝送することにより，リレー演算を可能とする。

また RMXU では Sampled Value データとともに遮断器の開閉状態などの状態データを伝送することができる。複数の異なるサンプリングデータをまとめて一つの通信メッセージとすることも可能である。

リレー動作時間の制約から伝送遅延時間は 4/10/15/20 ミリ秒，両端のサンプリングデータ入力の同期精度は 0.1 ミリ秒である。また時刻同期の方式についての規定はないが，IEEE 1588（PTP）の利用も示唆されている。

下位の通信プロトコルはイーサネットであるが，トンネリングによりほかの通信方式も利用可能である（広域イーサネット，UDP/IP，PDH：plesiochronous digital hierarchy，SDH：synchronous digital hierarchy など）。

3.2.4　給電・制御所-変電所間通信（テレコン）IEC 61850-90-2

給電・制御所と変電所間の国際標準化については，IEC 61850 の通信サービスを拡張した IEC 61850-90-2 が定められている[9]。**図 3.35** に給電・制御所-変

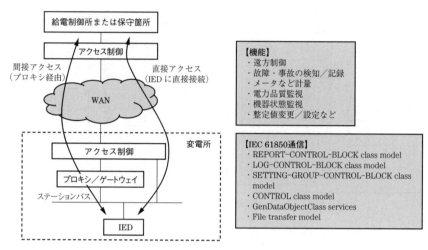

図 3.35 給電・制御所–変電所間通信規格 IEC 61850–90–2 の概要
（IEC 61850–90–2　Figure 25 をもとに作成）

電所間通信標準の IEC 61850–90–2 の概要を示す。通信機能として，遠隔監視制御，事故波形記録（オシロ）/計量値/電力品質データ/設備機器状態の取得，パラメータ構成設定などが提供される。これらの通信機能について，IEC 61850 の通信サービスの Report，GOOSE，Control，GetDataValues/SetDataValues などの広域通信への拡張がなされている。また，変電所の詳細なデータを集約・変換して給電・制御所に送るためのプロキシ/ゲートウェイの機能や，常用/待機の通信・装置の**冗長化構成**（active–backup）の方法も示されている。

なお，IEC 61850 の通信データ形式から給電・制御所システムで利用される IEC 61970 の情報モデルへの変換については，IEC 62361–102 CIM – IEC 61850 harmonization として規格化されている[12]。

3.2.5　シンクロフェーザ（系統観測，安定化システム）IEC 61850–90–5, IEC 62361–102

シンクロフェーザは，**協定世界時**（UTC：coordinated universal time）に同期して電流・電圧の基本波の大きさと位相を 10～50/60 Hz でサンプリングし，計

測するものである。広域の時刻同期した高精度のシンクロフェーザは系統状態把握や系統現象・事故解析などに用いられている。

　IEC 61850–90–5 は，シンクロフェーザの規格である IEEE C37.118 の通信部分を IEC 61850 の通信方式に組み入れた規格である[11),14),15)]。IEC 61850–90–5 では，シンクロフェーザを利用したシステムの**応用事例**（use case），通信要求仕様などに加えて，通信サービスとその実装方式，セキュリティモデルなどが規定されている。

　通信サービスについては，シンクロフェーザを広域通信ネットワークにより伝送するため，IEC 61850 の電流・電圧瞬時値 SV（sampled value），高速制御指令・高速イベント伝送 GOOSE（generic object oriented event）を拡張し，ルーティング制御可能な通信サービス R–SV（routable SV），R–GOOSE（routable GOOSE）を規定している。セキュリティモデルについては，完全性，認証，処理負荷を考慮した暗号鍵の管理・配布方式について，電力システムセキュリティ規格 IEC 62351 の拡張を行っている。

　シンクロフェーザは系統状態把握，事故解析などだけでなく**系統安定化システム**（WAMPAC：wide area monitoring, protection and control）への適用も可能である。シンクロフェーザを利用した系統安定化システムの構成例を**図 3.36**に示す。安定化システムは，**中央装置**で PDC（phasor data concentrator）を介して得られた PMU（phasor measurement unit）もしくは IED のシンクロフェーザに基づき，現在の系統状態から重大事故や送電停止などの特定事象の発生を事前に想定して，電力系統を安定状態に導くための制御内容を決め，IED に設定する。特定事象発生時には PMU，IED で連携し，あらかじめ与えられた制御内容に従って高速に制御する。

　系統安定化システムについては，系統情報モデルを規定する IEC 61970 における CIM（common information model）と変電所情報モデルを規定する IEC 61850 における論理ノードの変換が必要になる。これについては IEC 62361–102 として規格化されている[12)]。

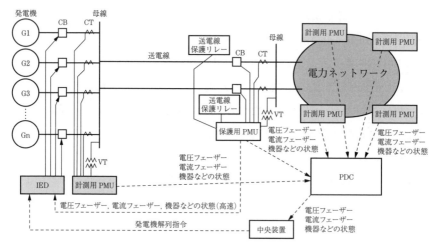

図 3.36　シンクロフェーザを利用した系統安定化システムの例
（IEC 61850-90-5　Figure 10 をもとに作成）

　3.3　セキュリティ IEC 62351　

　IEC 62351 は，IEC で規格化を進めている電力用通信に関するセキュリティ
の規格を定めている[20]~[28]。このうち，IEC 62351-1 は，セキュリティ脅威とそ
の対策について書かれている。その上でセキュリティ要件をまとめ，IEC
61850 をはじめとする IEC TC 57 で標準化している通信に関するセキュリティ
について IEC 62351-2 以降に記述している。

　図 3.37 にセキュリティの要件，脅威および攻撃を示す。**図 3.38** にセキュリ
ティに関する対策と管理（全体俯瞰）について示す。なお，図 3.38 中の脅威と
セキュリティサービスの関係性については，IEC 62351-1 を参照のこと[20]。

　セキュリティに関する標準およびそれらのカバーする範囲と相関を**図 3.39**
に示す。図の横軸は，運用者–メーカ，縦軸は，セキュリティ技術–セキュリ
ティ管理，としてそれぞれのセキュリティ標準の位置づけを示している[28]。電
力エネルギー分野のセキュリティ標準としては IEC 62351 のほかに，IEEE P
1686（intelligent electronic devices cyber security capabilities），CIGRE D2.22

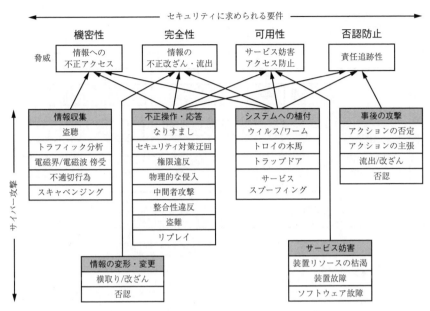

図 3.37　セキュリティの要件，脅威，および攻撃
（IEC 62351-1　Figure 1 をもとに作成）

(information security for electric power utilities)，NERC CIP（the north ameri-can electric reliability corporation critical infrastructure protection）などがある。IEC 62351 は，上記の規格における電力エネルギー関連装置のセキュリティ技術に特化しており，管理体制などについては触れていない。

　IEC 62351 の規格体系を**図 3.40** に示す。IEC 62351 は異なるプロトコルに対し，異なる目的の要求を満たすような多様な使い方が可能である。通信プロトコルによってはすべての対策が必要なものや，計算能力の制約，通信メディア速度の制約，保護リレー機能などの高速応答要求，セキュアと非セキュアな装置の混在などによりセキュリティ対策が限定されるものもある。セキュリティポリシー，教育，システム設計・実装方法などはIEC 62351 の対象外である。ログ記録やイベント・警報については IEC 61850 などの通信サービスで伝送することが可能であり，これらをセキュリティ監査に使うことが望まれる。IEC 62351 が提供するセキュリティ機能および規格化の考え方は以下のとおりである。

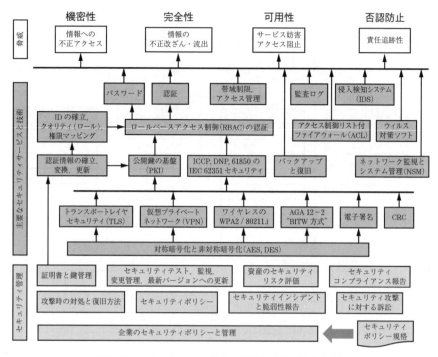

図 3.38　セキュリティに関する対策と管理（全体俯瞰）
（IEC 62351-1　Figure 7 をもとに作成）

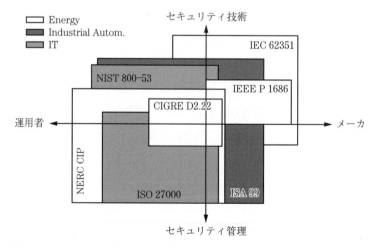

図 3.39　セキュリティ標準の対象範囲（IEC 62351-10　Figure 3 をもとに作成）

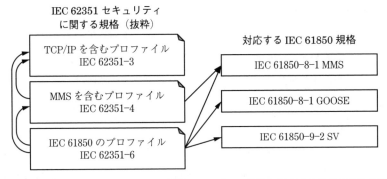

図 3.40 電力システムセキュリティ規格 IEC 62351 の抜粋と対応する IEC 61850 規格

- **認証**（authentication）：　中間装置でのデータ改ざん，不正パスワード利用，不注意による誤操作，悪意行動の防止
- **デジタル署名による認証**：　権限者のみの情報アクセス，通信アクセス制御
- **機密保持**（confidentiality）：　認証キー暗号化，通信メッセージ暗号化
- **完全性**（integrity）：　改ざん・破壊・変更の検出
- リプレイ攻撃となりすましの防止
- セキュアと非セキュアな装置の混在を可能とする
- 通信インフラ監視：　侵入検出，通信および計算機の負荷／健全性監視
- 統一的な証明書管理ポリシー
- 最新の IT 手法の利用

IEC 62351 は図 3.40 に示すとおり，各通信プロトコルに応じたセキュリティ機能を規定している。

IEC 62351-3 は TCP/IP を利用しているプロファイルなどに対するセキュリティ機能や，インターネットのデータ交換で一般的に使われている TLS（transport layer security, IETF RFC 8446）を利用するための仕様を規定している。これにより認証，機密保持，完全性保持が可能となる。また規格では AES256 暗号アルゴリズムの利用方法なども規定している[21]。

IEC 62351-4 は MMS を利用しているプロファイルに対し，アプリケーション

層のセキュリティ機能を規定している。すなわち TLS を利用することを前提に，アプリケーション層での認証として，接続確立手続きである ACSE（association control service element）に認証手続きを追加している[22]。

IEC 62351-5 はシリアル通信用のセキュリティ機能を規定している。シリアル通信に対しては，アプリケーション層の認証機能を規定しているが，暗号化については規定していない[23]。

IEC 62351-6 は IEC 61850 のセキュリティ機能を規定している。MMS はもちろんのこと，特に IEC 61850 において特徴的なイーサネットプロトコルを利用した通信サービスである GOOSE と Sampled Value（SV）のセキュリティ機能を規定している。これらの通信サービスは数ミリ秒以下の高速マルチキャスト伝送を行うため，暗号化や伝送速度に影響のあるセキュリティ手段の利用はできない。また，これらの通信サービスにおいては，データ改ざん防止機能が必須である。このため，これらに対して，デジタル署名認証のみのセキュリティ機能を規定している[24]。

このほか，役割ごとの**アクセス制御**（RBAC：role-based access control）は IEC 62351-8 にて，鍵管理は IEC 62351-9 として，それぞれ規格化されている[26],[27]。

IEC 62351-10 ではセキュリティアーキテクチャガイドラインを記述している。このガイドラインは，セキュリティに関連する構成要素と機能，それらの相互関係に対するセキュリティコントロールの記述を目的としている。さらに，これらのセキュリティコントロールの電力システム構成との関係およびマッピングをガイドラインとしてシステムインテグレータに提供し，発電，送電，配電システムに適用可能なセキュリティ標準を実装できるようにしている[28]。

保護制御システムのセキュリティを考えるための知見として，近年のサイバー攻撃と被害の概要を**表 3.11** に記載する[29]。

表 3.11　近年のサイバー攻撃と被害の概要

報告年	サイバー攻撃と被害の概要
2010	イランのウラン濃縮工場の遠心分離機に異常な回転をさせて破壊
2014	・制御ベンダの Web サイトを改ざんし制御機器用のソフトウェアにマルウェアを仕込む ・OPC 関連情報を収集
2014	・SCADA の脆弱性を突いて侵入 ・複数の企業のインターネットに接続された HMI が感染
2015	・電力およびその関連業界が感染（情報収集に利用された？） ・2015 年末と 2016 年末のウクライナでの停電の前段階で多数の感染 ・KillDisk を用いて ICS のディスク装置の内容を破壊
2017	・2016 年末にウクライナで遮断器を動かし停電を引き起こした
2017	・Schneider 社製安全計装コントローラのプログラムを改ざん ・監視していた設備が緊急停止

　また，攻撃の例として，2015 年にウクライナで発生したあるサイバー攻撃の状況を**図 3.41** に紹介する[30]。

① サイバー攻撃を実行する前に，標的となった企業に関する情報（組織・人・システム）や取引先企業の情報などさまざまな情報収集を行い，標的型攻撃メールを送付し，業務端末 A をマルウェア感染させた。

② マルウェアに感染した業務端末 A を起点として，業務端末 B や各種サーバへ活動範囲を拡大（横断的侵害）しながら内部情報の探索・収集を行い，制御システムへのリモート接続の正規認証情報やシステム構成を取得した，と推測される。

③ 情報システム上で入手した正規アカウント情報やシステム構成などをもとに，VPN 経由で制御システムへの侵入を試み，制御端末（HMI など）からシステム環境の把握をしながら攻撃実行に向けた準備を整え，制御端末（HMI）を不正に操作し，停電を発生させた。

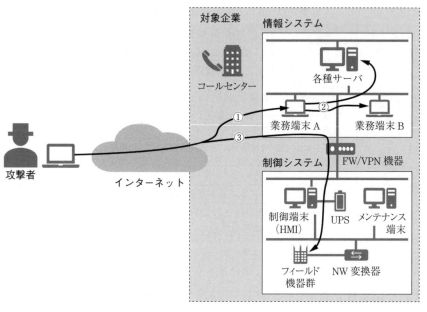

図 3.41　ウクライナの事例

引用・参考文献

IEC 61850 通信関係の規格（1）〜11）IEC 61850 の各 part の名称）

IEC 61850 Communication networks and systems for power utility automation

1) IEC 61850–5:2013 – Part 5: Communication requirements for functions and device models

2) IEC 61850–7–1:2011 – Part 7–1: Basic communication structure – Principles and models

3) IEC 61850–7–2:2010 – Part 7–2: Basic information and communication structure – Abstract communication service interface（ACSI）

4) IEC 61850–7–3:2010 – Part 7–3: Basic communication structure – Common data classes

5) IEC 61850–7–4:2010 – Part 7–4: Basic communication structure – Compatible logical node classes and data object classes

6) IEC 61850–8–1:2011 – Part 8–1: Specific communication service mapping（SCSM）– Mappings to MMS（ISO 9506–1 and ISO 9506–2）and to ISO/IEC 8802–3

7) IEC 61850–9–2:2011 – Part 9–2: Specific communication service mapping（SCSM）– Sampled values over ISO/IEC 8802–3

8) IEC TR 61850–90–1:2010 – Part 90–1: Use of IEC 61850 for the communication between substations

9) IEC TR 61850–90–2:2016 – Part 90–2: Using IEC 61850 for communication between substations and control centres

10) IEC TR 61850–90–4:2013 – Part 90–4: Network engineering guidelines

11)　IEC TR 61850–90–5:2012 – Part 90–5: Use of IEC 61850 to transmit synchrophasor information according to IEEE C37.118

通信および時刻同期関係の規格
12)　IEC TS 62361–102:2018 Power systems management and associated information exchange – Interoperability in the long term – Part 102: CIM – IEC 61850 harmonization
13)　IEC 62439–3:2016 Industrial communication networks – High availability automation networks – Part 3: Parallel Redundancy Protocol (PRP) and High–availability Seamless Redundancy (HSR)
14)　IEEE C37.118.1–2011 – IEEE Standard for Synchrophasor Measurements for Power Systems
15)　IEEE C37.118.1a–2014 – IEEE Standard for Synchrophasor Measurements for Power Systems — Amendment 1: Modification of Selected Performance Requirements
16)　IEEE 1588–2008 – IEEE Standard for a Precision Clock Synchronization Protocol for Networked Measurement and Control Systems
17)　IEEE 802.1w Rapid Spanning Tree Protocol (RSTP)
18)　RFC 4330 Simple Network Time Protocol (SNTP) Version 4 for IPv4, IPv6 and OSI
19)　IEEE C37.111–1999 – IEEE Standard Common Format for Transient Data Exchange (COMTRADE) for Power Systems

IEC 62351 セキュリティ規格など（20)～30）は IEC 62351 の各 part の名称）
IEC 62351 Power systems management and associated information exchange – Data and communications security
20)　IEC TS 62351–1:2007 – Part 1: Communication network and system security – Introduction to security issues
21)　IEC 62351–3:2014 –Part 3: Communication network and system security – Profiles including TCP/IP
22)　IEC 62351–4:2018 – Part 4: Profiles including MMS and derivatives
23)　IEC TS 62351–5:2013 – Part 5: Security for IEC 60870–5 and derivatives
24)　IEC TS 62351–6:2007 – Part 6: Security for IEC 61850
25)　IEC 62351–7:2017 – Part 7: Network and System Management (NSM) data object models
26)　IEC TS 62351–8:2011 – Part 8: Role–based access control
27)　IEC 62351–9:2017 – Part 9: Cyber security key management for power system equipment
28)　IEC TR 62351–10:2012 – Part 10: Security architecture guidelines
29)　JPCERT：制御システムに関する最近の脅威と JPCERT/CC の取り組み，http://mscs2018.sice–ctrl.jp/program/_tutorials/mscs2018tutorial_abe.pdf（2020.1.16 現在）
30)　情報処理推進機構セキュリティセンター：制限システム関連のサイバーインシデント事例 1，https://www.ipa.go.jp/files/000076755.pdf（2020.1.16 現在）

第4章
保護制御ユニット（IED）と
エンジニアリングツール

　本章では，保護制御ユニットの構成を，ハードウェア，実装される保護制御機能，ソフトウェアの三つの側面から解説する。あわせて，IED の設定作業を行う際に利用するエンジニアリングツールについても説明する。

4.1　ハードウェア

　IED（intelligent electronic device）のハードウェアを構成する要素のうち，演算を担う**中央演算処理装置**（CPU：central processing unit）とメモリ，電源，通信インタフェースはベースとなる必須の要素である。このほか，必要に応じて，CT，VT などのアナログ信号に対する入力／出力，各種センサのオン/オフ情報に対する接点入力／出力を有する。IED の典型的なハードウェア構成と，接続される設備や機器の関係を**図 4.1** に示す。流通している IED には，すべての構成要素が一体化されたタイプと，要素ごとにハードウェアが分割され，オプションとして追加実装が可能となるタイプの2種類が存在する。

　以下，各構成要素の概要を説明する。

4.1.1　CPU とメモリ

　CPU とメモリでは，後述するソフトウェアに基づいた処理とデータの管理が行われる。CPU の処理能力は IED の機種によって異なるが，2019 年時点での製品においては，用途に応じて，動作クロックが数 GHz 程度の CPU を搭載している。

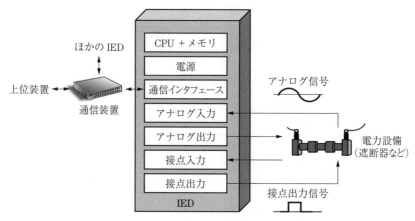

図 4.1 IED の典型的なハードウェア構成と接続される設備・機器

4.1.2 電　　　源

IED の電源としては，直流電源と交流電源が存在し，交流については，50 Hz と 60 Hz のいずれにも対応している。一例として，電源のスペックを**表 4.1** に示す。

表 4.1　市販されている IED の電源の例[1]

種　別	電　圧	周波数	リップル	瞬　断*	最大負荷
直　流	定格 24/48/60 V 運転可能範囲 19.2〜72 V		15 %	20 ms	25 W
	定格 48/110 V 運転可能範囲 38.4〜132 V		15 %	35 ms	25 W
直流/交流	直流：定格 110/250 V 運転可能範囲 88〜300 V		15 %	50 ms	25 W
	交流：定格 115/230 V 運転可能範囲 80〜230 V	定格 50/60 Hz			25 W

表 4.1　（つづき）

種　別	電　圧	周波数	リップル	瞬　断*	最大負荷
直　流	定格 24〜48 V 運転可能範囲 18〜60 V		15 %	20 ms（24 V） 100 ms（48 V）	35 W
直流/交流	直流：定格 48〜125 V 運転可能範囲 38〜140 V		15 %	14 ms（48 V） 160 ms（125 V）	35 W
	交流：定格 110〜120 V 運転可能範囲 85〜140 V	定格 50/60 Hz 運転可能範囲 30〜120 Hz			90 VA
	直流：定格 125〜250 V 運転可能範囲 80〜300 V		15 %	46 ms（125 V） 250 ms（250 V）	35 W
	交流：定格 110〜240 V 運転可能範囲 85〜264 V	定格 50/60 Hz 運転可能範囲 30〜120 Hz			90 VA

＊ IEC 60255-26：2013

4.1.3　通信インタフェース

　多くの IED において，イーサネットのポートが複数装備されている。これは，通信経路の冗長化による信頼性向上をはかる技術（RSTP，PRP，HSR；3.2.2 項参照）を利用するためである。

　伝送媒体としては，多くの IED が，10BASE-T/100BASE-T のツイストペアケーブルか，光ファイバ（100BASE-FX，1000BASE-LX など）に対応している。

4.1.4　入 出 力 部

　主回路機器や計器用変成器との信号交換のために，アナログや接点入出力部を有する場合が一般的である。入出力部については，IED に固定的に実装して

いるタイプと，スロットを用いて柔軟な組み合わせが可能なタイプが存在する。入出力部を固定的に実装しているタイプの一例を**図 4.2** に，スロットを用いたタイプの一例を**図 4.3** に，それぞれ示す。図 4.3 で示したタイプの場合には，入出力部を 3 枚から 6 枚の間で実装することができる。

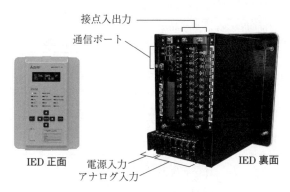

図 4.2 固定的に入出力部を実装している IED の例[2]

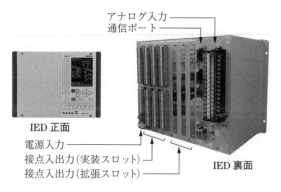

図 4.3 スロット形式で入出力部を実装している IED の例[1]

4.1.5 耐 環 境 性 能

IED の耐環境性能は，大気環境，機械的環境，電気的環境，電磁的環境に配慮した設計がなされている。IED の耐環境性能の一例を，**表 4.2** に示す。

表 **4.2**　IED の耐環境性能の一例[1]

項　目	規　格	性　能
大気環境		
温　度	IEC 60068-2-1/2 IEC 60068-2-14	運転時：− 10 ℃ 〜 + 55 ℃ 保管・運送時：− 25 ℃ 〜 + 70 ℃ IEC 60068-2-14 に従った温度試験
湿　度	IEC 60068-2-30 IEC 60068-2-78	温度 40 ℃／相対湿度 93 ％において，56 日間耐候。 IEC 60068-2-30 に従った温湿度試験
筐　体	IEC 60529	IP52：防塵および水滴防水 リアパネルについては IP20（指程度の大きさの異物（直径 12 mm）に対する保護，水に対しては無保護）
機械的環境		
振　動	IEC 60255-21-1	応答性：クラス 1 耐久性：クラス 1
衝　撃	IEC 60255-21-2	ショック応答性：クラス 1 ショック耐久性：クラス 1 バンプ：クラス 1
地　震	IEC 60255-21-3	クラス 1
電気的環境		
絶縁耐圧	IEC 60255-27	全端子と大地間で 2 kVrms を 1 分間耐圧 独立した回路間で 2 kVrms を 1 分間耐圧 通常開放されている接点間で 1 kVrms を 1 分間耐圧
高電圧 インパルス	IEC 60255-27 IEEE C37.90	全端子間／全端子と大地間で，ピーク電圧 5 kV，1.2/50 μs，0.5 J の正／負のインパルス 3 回印加
電圧のディップ，瞬断，電圧変動，リップル	IEC 60255-26 IEC 61000-4-29 IEC 61000-4-17 IEC 60255-26	ディップ 　残留電圧 0 ％，20 ミリ秒間 　残留電圧 40 ％，200 ミリ秒間 　残留電圧 70 ％，500 ミリ秒間 瞬断 　残留電圧 0 ％，5 秒間 リップル 　直流の定格値に対する 15 ％のリップル（100/120 Hz） シャットダウン 　60 秒でシャットダウン，5 分間停電，60 秒で起動 直流の逆極性 　1 分間
容量放電	ENA TS 48-4	10 μF で最大供給電圧まで印加し，外部抵抗につないだ入力端子に放電

表 4.2 （つづき）

項　目	規　格	性　能
電気的環境		
高周波擾乱/減衰振動波	IEC 60255-26 Class 3 IEC 61000-4-18	コモンモード／ディファレンシャルモードにおける 1 MHz のバースト 制御電源と入出力端子に対しては 2.5 kV（コモンモード）／1 kV（ディファレンシャルモード） 通信ポートに対しては 1 kV（コモンモード）／試験対象外（ディファレンシャルモード）
静電放電	IEC 60255-26 Class 4 IEC 61000-4-2 IEEE C37.90.3	接触：2, 4, 6, 8 kV 気中：2, 4, 8, 15 kV
無線周波数による電磁的擾乱	IEC 60255-26 IEC 61000-4-3 Level 3	スイープ試験範囲：80 MHz～1 GHz, 1.4 GHz～2.7 GHz ショット試験：80, 160, 380, 450, 900, 1 850, 2 150 MHz 電界強度 10 V/m
	IEEE C37.90.2	電界強度 35 V/m で 25 MHz～1 GHz のスイープ試験
ファストトランジェント擾乱	IEC 60255-25 IEC 61000-4-4	5 kHz, 5 ないし 50 ns の擾乱 制御電源と入出力端子に対しては 4 kV, 通信ポートに対しては 2 kV
サージイミュニティ	IEC 60255-26 IEC 61000-4-5	コモンモードとディファレンシャルモードのいずれにおいても 1.2/50 μs 制御電源と入出力端子に対しては, 4, 2, 1, 0.5 kV（コモンモード）／1, 0.5 kV（ディファレンシャルモード） 通信ポートに対しては, 1, 0.5 kV（コモンモード）／試験対象外（ディファレンシャルモード）

　なお，国内電力で採用している電力用規格 B-402 が規定している耐環境性能は，関連する IEC 規格（例えば，電磁界イミュニティについては IEC 61000-6-5）と一部異なる項目がある。

 ## 4.2　**IED に実装される保護制御機能**

　IEC 61850 に準じた IED には，IEC 61850-7-4 などで定められた論理ノードの中から選択されたものに対応した機能が実装される。どの論理ノードおよび機能を選択するかについては，多くの場合，メーカにより各 IED の製品を設計す

る際に決定される。現在流通している IED 製品の多くは，保護・監視・制御・計測といった複数の機能をあわせもっている。さらには，IEC 61850-7-4 で定められた論理ノードを拡張したものやメーカ独自の論理ノードが，IED に実装されている場合もある。

　例えば，負荷時タップ切換変圧器（LRT）の保護制御機能を実現する IED に実装される論理ノードの例を**表 4.3** に示す。この例の場合，AVQC を新たに定義するとともに，ATCC，PTRC，SPTR のそれぞれにデータオブジェクトを追加した上で実装する。AVQC は，電圧・無効電力制御（以下，VQC）を統合的に扱う論理ノードが IEC 61850 では定義されていない（電圧制御であれば ATCC，無効電力制御であれば ARCO と別々に定義されている）ため，独自に定義して実装する。AVQC 自らが VQC の演算を実現するか，上位システム（例えば，給電制御所のシステム）からの制御に基づき動作するかは，自由に設計できることを想定している。AVQC が有するデータオブジェクトは，**表 4.4** に示すとおりである。論理ノードを独自に定義する場合でも，データオブジェクトに利用する共通データクラスについては IEC 61850-7-3 Ed. 2.0 で定義されているものを利用する。このほか，同 IED のために拡張した論理ノードの代表的なデータオブジェクトを，**表 4.5**，**表 4.6** に示す。

表 4.3　LRT の保護制御を実現する IED を想定した論理ノード

機能分類	論理ノード	概　要	独自定義/拡張
制　御	ATCC	タップ切換制御	拡　張
	AVQC	電圧・無効電力制御	独自定義
	CSWI	開閉装置制御	
IED 情報	LLN0	論理デバイスの特性	
	LPHD	IED の物理的特徴	
計　測	MMTR	電力量計測	
	MMXU	三相交流の実効値計測	
保　護	PDIF	電流差動リレー	
	PTOC	限時過電流リレー	

表 4.3 (つづき)

機能分類	論理ノード	概　要	独自定義/拡張
保　護	PTOV	過電圧リレー	
	PTRC	トリップ条件	
	PTUV	不足電圧リレー	
監　視	SIML	絶縁油状態監視	
	SLTC	LTC 状態監視	
	SPTR	変圧器状態監視	拡　張
	STMP	温度監視	
	YLTC	LTC 故障監視	
	YPTR	変圧器故障監視	

表 4.4 AVQC のデータオブジェクト

DO 名	CDC	説　明	M/O/E
データオブジェクト			
共通論理ノード情報			
Beh	ENS	論理ノードの運転状態 (on/on-blocked/test/test-blocked/off)	M
Mod	ENC	論理ノードのモード切替	O
状態表示			
ErrPar	SPS	並列バンク間のタップずれ発生を表す。	E
Prio	SPC	優先系であるかどうかを示す。	E
VolAlm	SPS	系統電圧異常を示す。	E
OvVolTtry	SPS	主変圧器三次過電圧を示す。	E
CBRctErr	SPS	調相 CB 不応動を示す。	E
QckCtl	SPS	調相設備高速開閉制御機能動作を示す。	E
FailSafe	SPS	フェイルセーフ機能動作を示す。	E
OpModVq	ENC	制御方式（VQ-VV，VQ-VQ，VQ-V）の切替機能を提供する。	E
OpModDay	ENC	平日 4 パターン，休日，試送電の切替機能を提供する。	E
Vr	ENC	二次母線運転基準電圧値の切替機能を提供する。	E

M：IEC 61850-7-4 Ed. 2.0 の必須データ
O：IEC 61850-7-4 Ed. 2.0 のオプションかつ今回使用するデータ
E：独自に定義したデータ

表 **4.5**　ATCC に追加したデータオブジェクト

DO 名	CDC	説　明	M/O/E
データオブジェクト			
状態表示			
Extd	SPS	LRT モータ励磁中を表す。	E
MotErr	SPS	LRT のモータ励磁信号異常を表す。	E
VolAlm	SPS	電圧調整範囲逸脱を表す。	E
制御			
OpWeekday	SPC	平日／休日を切り替える。	E
Vr	ENC	二次母線電圧基準電圧値を切り替える。	E
CtlR	SPC	テレコンとは別の遠隔箇所からの制御権を切り替える。	E

表 **4.6**　SPTR に追加したデータオブジェクト

DO 名	CDC	説　明	M/O/E
データオブジェクト			
状態表示			
OvPresVlvOpen	SPS	変圧器本体の放圧装置動作を表す。	E
CoolerHealth	ENS	クーラの状態を表す。 （1＝ok，2＝warning，3＝alarm）	E
Blast	SPS	衝撃圧力リレーの動作を表す。	E

 4.3　ソフトウェア

　IED に搭載されるソフトウェアは，おもに保護制御プログラム，通信用ミドルウェア，オペレーティングシステム（OS）に分類できる。通常はいずれも，IED メーカが開発あるいは提供するものである。また，サイバーセキュリティを確保するための各種対策が施されている。

4.3.1　保護制御プログラム

　保護制御プログラムのロジックは，IEC 61131-3 を利用して実現する方法と，ソフトウェアコード（C 言語など）のレベルから構築する場合の 2 種類に大別

できる。

IEC 61131–3 は，PLC を対象としたプログラム言語であり，以下に示す5種類が制定されている[3],[4]。

〈**テキスト言語**〉

- ST（Structured Text）： Pascal をベースとする言語で，つぎに示すような記述となる[5]。一般的なプログラマにとって利用しやすい。

  C := A AND NOT B

- IL（Instruction List）： アセンブラのような言語で，つぎに示すような記述となる[5]。プログラムの小型化・高速化をはかることに向いているが，可読性が低く，生産性や保守性に劣る。

  LD   A

  ANDN   B

  ST   C

〈**グラフィック言語**〉

- LD（Ladder Diagram）： 物理的なリレーシーケンス回路と同じように作成することができる言語で，**図 4.4** に示すような図を記述する[5]。ビットレベルの処理には向いているが，モジュール化が困難である。

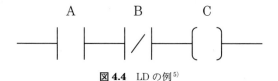

図 4.4 LD の例[5]

- FBD（Function Block Diagram）： 電子部品とその間の配線のようなイメージで作成する言語で，**図 4.5** に示すような図を記述する[5]。可読性が

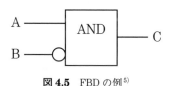

図 4.5 FBD の例[5]

高いことが最大のメリットといわれている。

• SFC（Sequential Function Chart）： 状態遷移の記述に適した言語で，**図 4.6** に示すような図を記述する[5]。

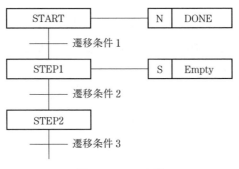

図 4.6 SFC の例[5]

日本電機工業会では，上記五つの言語に関する特徴を**表 4.7** のとおり整理している。

表 4.7 各プログラミング言語の特徴
（文献[5]表8より引用，本書における言語の記述順に入れ替えた）

おもな使用状況	ST 言語	IL 言語	LD 言語	FBD 言語	SFC 言語
単純なリレーシーケンス処理	△	×	◎	△	×
数式演算処理	◎	×	△	○	×
状態せん移に基づく順序制御（ステップシーケンス処理）	○	×	△	×	◎
連続的なアナログ信号処理	○	×	△	◎	×
複雑な情報処理	◎	×	△	△	×
プログラムメモリ制約の厳しい場合	△	◎	○	△	×
最も高速に性能を求められる場合	○	◎	○	○	×
運転方案と対応がとりやすい表現	○	×	×	○	◎
動作を視覚的に確認したい場合	×	×	○	◎	○

（注）記号の意味は，つぎによる。
　　◎：最も適している，○：適している，△：困難な場合もある，×：適さない

　一方，ソフトウェアコードの作成を通じて保護制御プログラムを作成する方法は，おもに通信用ミドルウェア（4.3.2 項参照）を利用する場合に採用される。このため，一般的には IED メーカが採用する方法であるが，プログラミング能力（保守能力を含む）があれば，電力会社またはそのグループ会社において採用することも可能である。

　IEC 61131-3 を利用する方法では，論理ノードやデータオブジェクトの動作をカスタマイズすることが可能だが，新規の論理ノード定義や，既存論理ノードに対するデータオブジェクト追加ができるかは，IED に対応するエンジニアリングツール（4.4 節参照）次第である。一方，ソフトウェアコードを作成する方法では，任意の論理ノード定義やデータオブジェクト追加が可能となる。

4.3.2　通信用ミドルウェア

　現在リリースされている IED のほとんどは，IEC 61850-8-1 Ed. 2.0 にてマッピングが定義されている MMS（Manufacturing Message Specification）を実装している。この MMS を用いた通信を実現するソフトウェアとして，通信用ミドルウェアが存在する。通信用ミドルウェアが提供する API（application programming interface）を呼び出すことで，MMS の細かい実装を気にすることなく，保護制御機能を実現するプログラムの作成に注力できる。

　通信用ミドルウェアについては，**表 4.8** に示すように，3 種類に大別できる。

表 **4.8**　通信用ミドルウェア

通信用ミドルウェア		
市　　販	ベンダ独自	フリー
・SISCO 社製 MMS Lite[6]	・ベンダ独自開発・実装[7]	・libiec61850（C 言語）[8] ・OpenIEC61850（Java）[9]

4.3.3　オペレーティングシステム

　オペレーティングシステム（OS）については，独自の OS を採用している場合や，Linux など汎用 OS を採用している場合に加え，仮想マシンを備えて複数

の OS に対応することが可能な製品も販売されている。

　IED メーカにとっては OS の選定が，製品供給の継続性，プログラミングの容易さ，従来資産の活用，セキュリティの確保などの観点から，非常に重要となる。一方，電気事業者にとっては，特定の製品選定ポリシーがなければ，外形的要件（どの OS を採用しているかではなく，処理時間や信頼性といった要件）を基準に選定することが可能である。

 ## 4.4　エンジニアリングツール

　エンジニアリングツールについては，システムレベルの設定を行うツール（System Configurator）と，個別の IED を設定するためのツール（IED Configurator）の 2 種類が用いられる。

4.4.1　システムコンフィグレータ

システムコンフィグレータで提供されるおもな機能は，以下のとおりである。

- 利用する IED が提供する機能を表す ICD ファイルや，単線結線図などシステム側の要件を表す SSD ファイルの読込み
- システム全体の設定情報（論理ノードのインスタンスなど）の編集機能
- システム全体の設定情報を表す SCD ファイルの出力

リリースされているシステムコンフィグレータの例を，以下に示す。

- GE 社製 EnerVista System Designer [10)]
- GE 社製 EnerVista IEC Configurator [10)]
- Siemens 社製 IEC 61850 System Configurator [11)]
- ABB 社製 IET600 [12)]

4.4.2　IED コンフィグレータ

　IED の設定については，各 IED に対応した IED コンフィグレータが用意されている。IED コンフィグレータで提供されうるおもな機能は以下のとおりであ

る。

- SCD ファイルの読込み，IID ファイルの出力，CID ファイルの出力
- 監視制御対象となる主回路構成（単線結線図相当）との入出力と論理ノードインスタンスの対応づけ
- アナログ入出力や接点入出力とデータオブジェクトやデータ属性との関連づけ
- 内部変数とデータオブジェクトやデータ属性との関係づけ
- 論理ノードやデータオブジェクト単位の演算ロジック（制御コマンド受信時の動作，43SW の設定に基づく動作など）の作成
- 初期値の設定

リリースされている IED コンフィグレータの例を以下に示す。

- GE 社製 FlexLogic [10]
- Schneider Electric 社製 CET850 [13]
- SystemCORP Energy 社製 IEC 61850 IED Configurator [14]
- ERL 社製 61850 IED Configurator [15]

引用・参考文献

1) Toshiba Energy Systems & Solutions Corporation: GR-200 Series GBU 200 Bay Control IED, https://www.toshiba-energy.com/en/transmission/download/index.php（2019.4現在）
2) MITSUBISHI ELECTRIC：FEEDER PROTECTION RELAY MODEL CFPI-A41D1 INSTRUCTION MANUAL, https://dl.mitsubishielectric.com/dl/fa/document/manual/pror/jep0-il9497/CFP1-A41D1_JEP0-IL9497e.pdf（2020.1 現在）
3) IEC: "Programmable controllers – Part 3: Programming languages," IEC 61131-3. Ed. 3.0（2013）
4) 松隈隆志：IEC 61131-3 とは？，第 2 回　IEC 61131-3 の特長 前編，オムロン株式会社，https://www.fa.omron.co.jp/solution/sysmac/technology/programming/plcopen/feature1.html（2020.1 現在）
5) 日本電機工業会：PLC アプリケーションの開発効率化指針，https://www.jema-net.or.jp/jema/data/plc_ver1.pdf（2020.1 現在）
6) SISCO: MMS LITE, https://sisconet.com/our-products/mms-lite/（2020.1 現在）
7) Beck IPC GmbH: https://www.beck-ipc.com/en/produkte/iec61850/（2020.1 現在）
8) MZ-Automation, libIEC61850/lib60870-5, http://libiec61850.com/libiec61850/（2020.1現在）
9) Beanit GmbH: "OpenIEC61850", https://www.beanit.com/iec-61850/（2020.1 現在）

10)　GE: "EnerVista Viewpoint Engineer"
http://www.gegridsolutions.com/products/brochures/VP-Engineer_GEA12901E.pdf
（2020.1 現在）

11)　Siemens: "Engineering software for IEC 61850 systems", https://new.siemens.com/global/
en/products/energy/energy-automation-and-smart-grid/protection-relays-and-control/
engineering-tools-for-protection/engineering-software-iec-61850-system-configurator.
html（2020.1 現在）

12)　ABB: "Efficiencies in system integration and testing – Substation automation tools", http://
search.abb.com/library/Download.aspx?DocumentID=%20%204CAE000135%20&Languag
eCode=en&DocumentPartId=Web&Action=Launch（2020.1 現在）

13)　Schneider Electric: "CET850 IEC 61850 configuration tool V3.1.2", https://www.schneider-
electric.com/en/download/document/CET850+IEC850+configuration+tool/（2020.1 現在）

14)　SystemCORP Energy: "IEC 61850 IED Configurator", https://www.systemcorp.com.au/
products/tools/ied-configurator/（2020.1 現在）

15)　ERL: "ERL 61850 IED Configurator – User Manual," Version 2.1, Rev. 0, http://erlphase.
com/downloads/manuals/61850_IED_Configurator_Manual.pdf（2020.2 現在）

第 5 章
SCADA

　前章までにサーバとなる IED について述べてきた。本章では，IEC 61850 の
クライアントとなる SCADA について述べる。SCADA は，変電所監視制御シ
ステムにおいても適用される。
　以下，5.1 節において，一般的な SCADA の機能と構成について述べ，5.2 節
では変電所監視制御システムに適用する SCADA について説明する。

 ## 5.1　SCADA と関連する装置

　一般的な監視制御システムを**図 5.1** に示す。監視制御システムは，SCADA
(supervisory control and data acquisition)，DCS (distributed control system)，
PLC (programmable logic controller) などから構成され，一般的に産業用計算
機とリモート I/O ユニットあるいは計測・制御ユニットを組み合わせてデータ
収集と監視制御を行うシステムである。応答速度は SCADA が秒オーダに対し
て，DCS は 0.5～1 秒程度であり，PLC は 1～100 ミリ秒程度である。

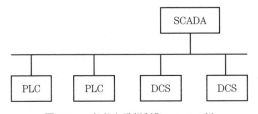

図 5.1　一般的な監視制御システム例

　SCADA は，PID (proportional integral differential) 制御やシーケンス処理に
て，温度制御などを行う場合，PID 調節計あるいは PLC，DCS を用意して，そ

の加熱動作や冷却動作の遠隔操作を行うことができる。

　一方 DCS は，さまざまな産業分野で多く使用される分散形制御システムである。当初はアナログ信号の PID 制御用として使用されてきたが，現在ではシーケンス制御機能が組み込まれ，0.5〜1 秒周期で入力信号を読み込み，演算して出力する動作ができる。DCS のシーケンス制御機能は，高速制御を必要としない弁やポンプなどを対象にすることが多い。

　他方 PLC は，有接点のシーケンス制御用リレー回路をソフトウェアに置き換えたものから始まったが，現在では多くの専用命令が用意され，プラント設備などの高速制御に用いられている。前述のとおり，PLC の制御周期は，1〜100 ミリ秒程度と高速である。

　SCADA，DCS，PLC をはじめ計測・制御機器間は通信で接続される。わが国においては，SCADA と各装置間の通信はメーカ固有の手順がおもに使用されていたが，一方で海外ではプロセス制御の標準規格である OPC が 1996 年に制定され，広く適用されるようになった[1]。

5.1.1　SCADA の構成形態

　SCADA を構成形態で分類すると，スタンドアロン方式とクライアント・サーバ方式に分けられる。スタンドアロン方式は，1 台の PC にて SCADA を実現するものである。またクライアント・サーバ方式は，共有のデータおよびデータ処理の機能をもつサーバがあり，そこにクライアントが複数接続される方式である。クライアントにおける監視制御に必要な処理は，クライアント PC にインストールした専用プログラムにて実行する場合と，Web ブラウザ（IE，Google Chrome など）上で実行する場合がある。**図 5.2** に示すような Web ブラウザに対応した SCADA の場合には，対応する Web ブラウザをインストールすることでスマートフォンでも利用することが可能である。さらに，HTML5 に対応していれば，ブラウザに関係なく同一の表示画面や入出力操作を実現できる。

　このため，VPN（virtual private network）サービスと端末認証などセキュリティ確保のために SIM（subscriber identity module）カードを適用することで，

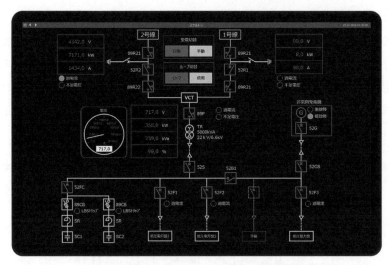

図 5.2 スマートフォンから見た SCADA の例[2)]
［画像提供　株式会社ロボティクスウェア］

職場や事務所だけではなく，出張先などどこからでも利用が可能となる。

5.1.2 SCADA ソフトウェアの機能

SCADA のソフトウェアに必要とされる機能は，監視制御機能である表示・制御は当然のものとして，そのほかにアラーム機能，イベント情報，トレンド管理，メール・ファイル送受信，データベース，OPC クライアントの通信機能，

表 5.1 SCADA のソフトウェアに必要とされる機能例

機　能	機能内容	備　考
監視制御	対象物の状態表示，操作	
アラーム	リアルタイムアラームと履歴表示	フィルタリング機能
トレンド	リアルタイムトレンドと履歴表示	フィルタリング機能
メール・ファイル	メール・ファイルの作成・送受信	
データベース	データベースの作成・SQL の実行	
通　信	OPC クライアント	
帳票作成	日報・月報・年報の作成	各種アプリとの連携

帳票作成などの機能がある。詳細を**表 5.1** に示す。

　表 5.1 に示すこれらの機能は，SCADA 画面のレイアウト作成とデータの割付を行うだけで作成が可能である。そのため，プログラミングの知識がなくとも機能を作成することができる。市販されている SCADA ソフトウェアにおけるグラフィック例を**図 5.3** に示す。また，リアルタイムのアラーム，トレンドなどの例を**図 5.4** に示す。

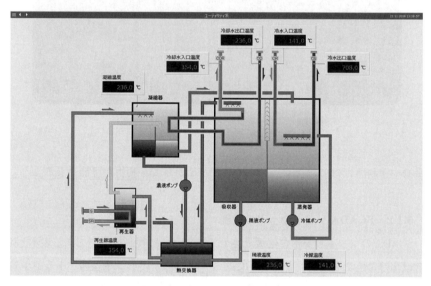

図 5.3　部品のグラフィックの例[2)]
［画像提供　株式会社ロボティクスウェア］

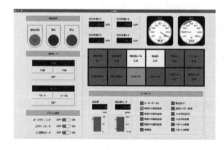
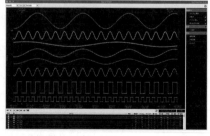

図 5.4　リアルタイムのアラーム，トレンドなどの例[2)]
［画像提供　株式会社ロボティクスウェア］

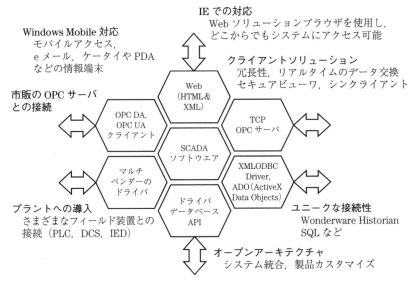

図5.5 SCADA の機能接続性（オープン性）

一方で，SCADA の機能は，オープンな接続性に特徴がある。さまざまなメーカの汎用 PLC は OPC サーバと接続される。詳細を**図 5.5** に示す。

5.1.3 SCADA ソフトウェアの構成

市販されているスタンドアロン方式の SCADA ソフトウェアの構成を**図 5.6**に示す。PLC は，SCADA の通信ドライバ・OPC サーバを介して SCADA ソフトウェアにイーサネット通信により接続されている。SCADA ソフトウェアに要求される機能が不足する場合は，例えば，ActiveX/.NETcontrol/DDE により，VB などのプログラムや EXCEL，独自開発したものなど別のソフトウェアを付加することができる。ただし近年では，SCADA ソフトウェアの機能が充実しており，別のソフトウェアを付加する必要はない場合が多い。加えて，グラフィックの作成やデータマッピングが比較的容易なエンジニアリングツールも多い。

従来のプログラミングにより製作された SCADA ソフトウェアによる監視制

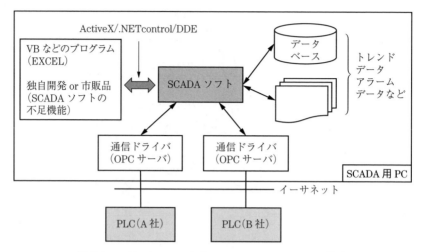

図 5.6　スタンドアロン方式の SCADA ソフトウェアの構成

御に比べ，スクリプトを使用する近年の SCADA ソフトウェアの活用はさまざ
まなメリットがある。従来の SCADA ソフトウェアにおいて機能の新規作成や
改造を実施するためには，プログラミングによる製作方法を理解し，それを解
読する能力が必要であった。そのためこれを扱う技術者は限られており，製作
したメーカに依存しなければならなかった。しかし，スクリプトによる構築は
そのような知識を必要としないため，特定メーカ依存となる可能性が少ない。

　なお，最近の SCADA ソフトウェアにおいては，部品単位でグラフィックの
アニメーションやデータマッピングのためのスクリプトが組み込まれており，
各部品をつなぎ合わせることで監視対象となるシステムに必要な各種画面など
を構築することができる。

　表 5.2 に従来および近年の SCADA ソフトウェアについて比較表を示す。こ
のようにプログラミングによるソフトウェアではなく，スクリプトを使用する
ソフトウェアを活用すると，生産性が向上し，改造コストの低減が期待でき
る。ただし，OS や SCADA ソフトウェアの改廃に留意する必要がある。

表 **5.2**　SCADA ソフトウェアの比較

項　目	近年の SCADA （スクリプト）	従来の SCADA （プログラミング）
生産性	基本機能・部品が充実	一から製作するため，時間がかかる
可視化	最初から部品単位にロジックが組み込まれており容易	設計に携わった者以外ロジックを理解するのは困難
柔軟性	部品が可視化されており携わった設計者以外でも改造・追加などが容易	当初の設計者においても改造・追加が困難
拡張性	冗長化や言語切替などが容易であり，後から追加可能	後から拡張するのは困難であり当初から用意する必要あり
パッケージ化	パッケージ化されており短期に設計可能	設計・製作に高いスキルが必要

SCADA ソフトウェアは現在では，大規模プラント工場だけではなく，中小工場・ビルなどの電源系統・エネルギーの監視に活用され，機器のインテリジェント化に伴い，SCADA ソフトウェアの活用が増えている。

5.1.4　OPC について

日本 OPC 協議会によれば，OPC（OLE for process control）は，産業オートメーション分野やその他業界における，安全で信頼性あるデータ交換を目的とし，相互運用を行うための標準規格である。OPC の適用によって，プラットフォームから独立し，多くのメーカの装置間でシームレスな情報の流れを確保できる。OPC 標準規格はメーカ，エンドユーザ，そしてソフトウェア開発者が開発した一連の仕様となっており，現在では製造，建設，石油，電気，ガス，水道など，数々の業界で広く適用されている。

IEC 61850 に関しても OPC を介して SCADA ソフトに接続することができる。OPC における OPC・SCADA ソフトウェア・OPC クライアントならびに各装置との関係を**図 5.7**(a), (b) に示す。

また，OPC を介さずとも，IEC 61850 専用ドライバにより SCADA ソフトと接続できるシステム・製品も存在する。

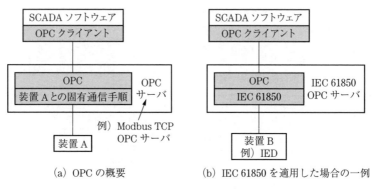

（a）OPC の概要　　　　（b）IEC 61850 を適用した場合の一例

図 5.7　OPC の概要と IEC 61850 を適用した場合の一例

 5.2　変電所 SCADA

変電所 SCADA とは，変電所機器の状態監視・制御を行う装置である。広義の意味では給電・制御所から変電所・開閉所など被制御所の機器の状態監視・制御を行い，平常時および事故時の情報収集・機器制御を行う装置を指す。一方，狭義の意味では変電所構内に設置されるものをいう。

電力各社は変電所の増加に伴い変電所の無人化を進め，給電・制御所のSCADA による集中監視制御を実現してきた。現在では TCP/IP，または UDP/IP を使用した IP-TC（IP を使用した遠方監視制御装置）により実現している電力会社もある。

変電所 SCADA は，一般的に系統監視機能，機器制御機能，切替スイッチ制御機能，計測機能，状態表示機能，故障表示機能を有する。本節では，変電所SCADA に IEC 61850 を適用した場合のこれらの機能について，IEC 61850 の通信サービスと論理ノードに関連づけて述べる。

5.2.1　系統監視機能

変電所全体の状態を把握するため，変電所の単線結線図を表示する機能である。単線結線図は主回路構成を表現しており，開閉器や変圧器などの主回路機

器，切替スイッチに対応するアイコンが配置される。これらのアイコンを操作することで，機器制御，切替スイッチ制御を実施する。また機器の状態表示，故障表示，計測表示についても，単線結線図上もしくは別画面にて表示される。

IEC 61850 を適用した場合，機器制御・切替スイッチ制御機能は Control サービスを使用することで実現し，計測および表示機能などは Report サービスにより得た情報を画面上に表示することで実現する。

5.2.2　機 器 制 御 機 能

機器制御は単線結線図上の機器アイコンから実施する。制御対象の機器は，遮断器，断路器などの開閉器や変圧器である。制御対象機器の選択，操作（制御）実施の二挙動により行う。

IEC 61850 を適用した場合，機器制御機能は IED がもつ機器制御を担う論理ノードのデータオブジェクトに対する Control サービス（3.1.6 参照）を利用することにより実現する。変電所 SCADA から遮断器を対象とした機器制御を行う場合の使用例を**図 5.8** に示す。

この図では，IED は 2 台の遮断器の開閉制御機能を有し，各遮断器は制御ケーブルで接続されていることを想定している。ここで，遮断器 1 を制御する場合は，"CSWI1.Pos.ctlVal" を使用し，制御方式は，応動監視つき二挙動制御 "CSWI1.Pos.ctlModel ＝ SBOes（SBO with enhanced security）" を使用する。

変電所 SCADA は，IED の "CSWI1.Pos" に対して制御対象への選択要求（SelVal_req）を送信する（①）。選択要求を受信した IED は，選択可否条件を確認後，選択応答（SelVal_resp（＋））を送信する（②）とともに，自身の "CSWI1.Pos.stSeld" を "TRUE" とする（②'）。つぎに変電所 SCADA は，制御対象に対し，制御要求（"Oper_req"）を送信する（③）。制御要求を受信した IED は，制御可否条件を確認後，制御応答（Oper_resp（＋））を送信する（④）とともに，自身の "CSWI1.Pos.ctlVal" を "TRUE" とし（④'），遮断器 1 へ制御ケーブルを介して制御指令（投入指令）を送信する（⑤）。IED からの制御指令により遮断器 1 は投入（"入"）状態となり（⑥），IED の "CSWI1.Pos.stVal"

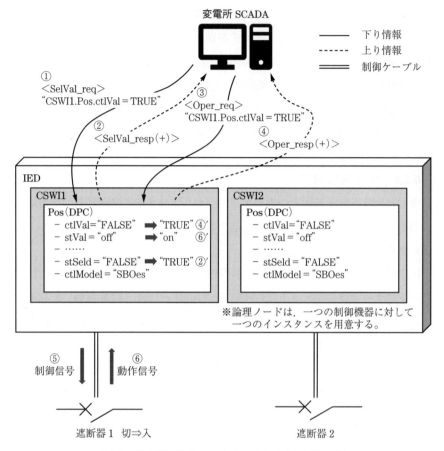

図 5.8　機器制御機能の一例（CSWI による遮断器制御）

は "on" に変化する（⑥'）。

5.2.3 切替スイッチ制御機能

切替スイッチ制御は，単線結線図上の切替スイッチアイコンから実施する。制御対象の切替スイッチは，保護リレー装置の使用／除外などである。

IEC 61850 を適用した場合，切替スイッチ制御機能は，切替スイッチ制御を担う論理ノードのデータオブジェクトに対して，5.2.2 項と同様に Control サービスにより実現する。一般的に，使用／除外などの切替スイッチ制御は，"各

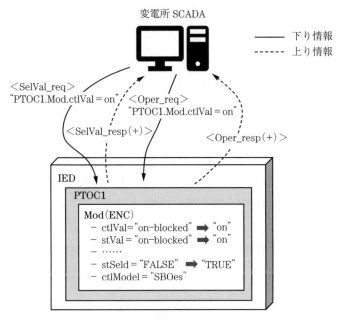

図 5.9　切替スイッチ制御機能の一例（PTOC の使用／除外）

種論理ノード.Mod"を切り替えることにより実現する。切替スイッチ制御機能
の一例を**図 5.9**に示す。

　図は，過電流リレーを表す論理ノード"PTOC"の使用／除外の切替スイッ
チ制御を想定している。ここでは，IED がもつ過電流リレーの論理ノード
"PTOC1"の切替スイッチを除外状態（"PTOC1.Mod.stVal"="on-blocked"）か
ら使用状態（"PTOC1.Mod.stVal"="on"）へ制御する。なお，これは"PTOC1.
Mod.ctlVal"を用いて，5.2.2 項の機器制御機能と同様に，Control サービスの選
択要求／応答と制御要求／応答により実施する。

5.2.4　計　測　機　能

　計測機能は，単線結線図上に数百ミリ秒から数秒オーダの定周期で計測値を
更新し，表示させる。代表的な計測項目を以下に示す。

● 電圧（V）：　母線電圧，線路電圧

- 電流（I）： 線路電流，変圧器，ブスタイ，調相設備（電力用コンデンサ，電力用リアクトルなど）
- LRT タップ： 変圧器
- 電力・電力量（W, var, W·h, var·h）： 線路，変圧器
- 周波数（Hz）：線路，母線
- 位相差（θ）：線路・母線

IEC 61850 を適用した場合，変電所 SCADA は，計測を表現する論理ノード"MMXU"などに格納されている情報を Report サービス（3.1.4 項参照）により収集する。計測機能の一例を**図 5.10** に示す。

図の例では，母線電圧（線間，相），線路電流，有効電力，無効電力を計測する例を示しており，主回路から入力されるアナログ電気量（電圧，電流）を用いて IED がもつ"MMXU1"により計測する。変電所 SCADA への情報送信に

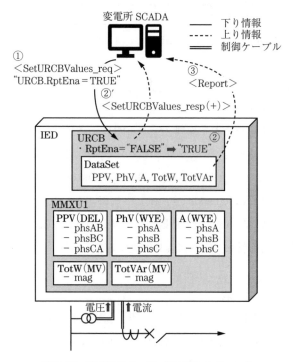

図 5.10 計測機能の一例（MMXU1 の Report）

は，DataSet を作成し，URCB もしくは BRCB により Report サービスを使用する。図では，URCB を使用している。

Report サービスを有効にするには，変電所 SCADA から IED に対し，"SetURCBValues_req" により，URCB のパラメータ "RptEna" を "TRUE" を設定する（①）。IED は，"RptEna" を "TRUE" 設定後（②），"SetURCBValues_resp（＋）" を変電所 SCADA へと送信する（②'）。これにより，DataSet の内容が変電所 SCADA へ Report サービスとして送信される（③）。

5.2.5 状態表示機能
遮断器，線路開閉器，接地開閉器の状態や切替スイッチの状態に対応する配色などにより単線結線図上で表現する。

IEC 61850 を適用した場合，各機器に対応する論理ノード（遮断器を表現す

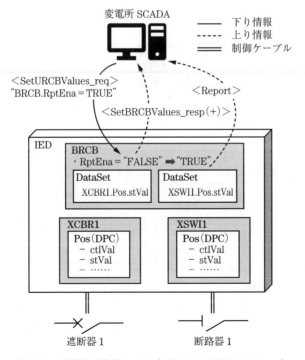

図 5.11 状態表示機能の一例（XCBR1 と XSWI1 の Report）

る "XCBR" や断路器を表現する "XSWI" など）の状態値を表すデータオブ
ジェクトに格納されている情報を Report サービス（3.1.4 項参照）により収集
する。状態表示機能の一例を**図 5.11** に示す。図では，遮断器 1 と断路器 1 の状
態表示を想定し，各機器に対応する論理ノード（"XCBR" と "XSWI"）を用意
する。これらの状態値を表現する "XCBR1.Pos.stVal" と "XSWI1.Pos.stVal" を
DataSet に設定し，状態変化時に BRCB にて Report を送信する。Report サービ
ス有効化は，5.2.4 項と同様に実施する。

5.2.6　故障表示機能

　保護リレー動作や装置故障の発生・復帰をイベントとして残すとともに，故
障表示画面上で故障状態を表示する。IEC 61850 を適用した場合，保護リレー
動作や装置故障に対応する論理ノードのデータオブジェクトに格納されている

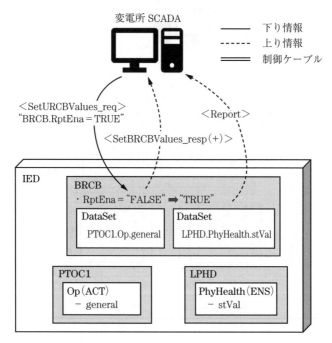

図 5.12　故障表示機能の一例（PTOC1 と LPHD の Report）

情報を Report サービス（3.1.4 項参照）により収集する。故障表示機能の一例を**図 5.12** に示す。

　図では，過電流保護リレー動作および装置故障の故障表示を想定する。過電流保護リレーを表す論理ノード（"PTOC"）を用意し，装置を表す論理ノード（"LPHD"）を用意する。リレー動作および装置故障を表現する "PTOC1.Op.general" と "LPHD.PhyHealth.stVal" を DataSet に設定し，状態変化時に BRCB にて Report を送信する。Report サービス有効化は，5.2.4 項と同様に実施する。

引用・参考文献

1)　日本 OPC 協議会 Web ページ：OPC とは？，https://jp.opcfoundation.org/about/what-is-opc/（2020.1 現在）
2)　株式会社ロボティクスウェア Web ページ：SCADA をより簡単に | FA–Panel6，https://www.roboticsware.com/jp/fapanel6/（2020.3 現在）

第6章
IEC 61850 適用保護制御システム構築の
ケーススタディ

　本章では，配電用変電所が有する保護制御機能（抜粋）を対象に，IEC 61850 を適用した場合のケーススタディを述べる。

 ## 6.1　適用対象の変電所および保護制御機能

　本節では，本ケーススタディで想定する配電用変電所の主回路構成と保護制御機能を説明する。

6.1.1　変電所の主回路構成

　本ケーススタディにおける配電用変電所の主回路構成の単線結線図を**図6.1**に示す。

　母線については，一次側・二次側ともに単母線方式を想定し，開閉器については遮断器（ガス絶縁）を扱い，接地開閉器などの断路器は省略する。主変圧器についてはケーススタディ簡略化のため，一次側と二次側のみから構成されるものとし，三次側は考慮せず，一次側には負荷時タップ切換器が装備されているものとする。また，調相設備についてもケーススタディには含まない。各計測箇所における計器用変成器（CT および VT）は，三相すべてに設置されているものとする。

　なお，本ケーススタディでは，2章の図2.13で示した開発手順のうち，**図6.2**に示す検討範囲において説明する。

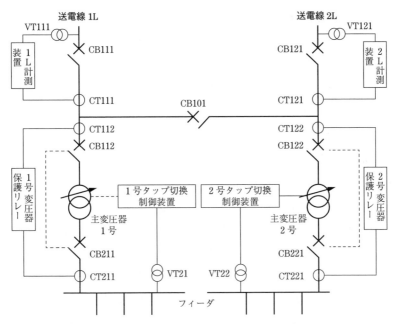

図 6.1 本ケーススタディにおける変電所の主回路構成の単線結線図

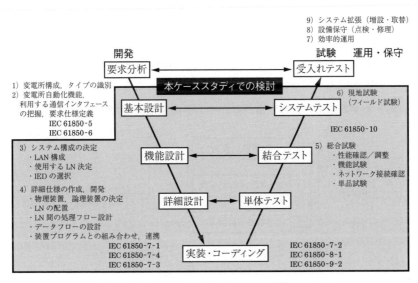

図 6.2 本ケーススタディが該当する開発ステップ

6.1.2 保護制御機能

本ケーススタディでは，以下の保護制御機能の基本的な機能設計のみを説明する。

- 変圧器保護
- 電流・電圧計測
- タップ切換制御
- 遮断器故障監視
- 遮断器開閉制御

〔1〕 変 圧 器 保 護

本ケーススタディにおける変圧器保護では，比率差動リレー方式の採用を想定し，**図 6.3** に示す機能ブロックにより実現されるものとする。すなわち変圧器の一次側と二次側に設置されている CT より電流値を計測し，それらを比率差動要素，第2高調波抑制要素，比率過電流要素の各機能ブロックに入力する。比率差動要素では，変圧器の一次側電流と二次側電流の比が適正な範囲に収まっているか否かを判定し，収まっていないときに信号を出力する。第2高調波抑制要素では，励磁突入電流によってリレーが誤動作することを防止するために，電流に含まれる第2高調波の含有率を算出し，それが整定値を超える場合に信号を出力する[†]。比率過電流要素は，変圧器内部の重故障を検出するために，一次側電流と二次側電流の差が整定値を超える場合に信号を出力する。

比率差動要素の出力信号があり，かつ第2高調波抑制要素の出力信号がない

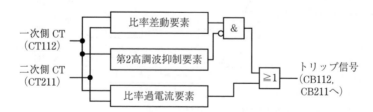

図 6.3 1号変圧器保護の機能ブロック（1相分のみ表記）

[†] 励磁突入電流には第2高調波が多く含まれるため。

場合，あるいは比率過電流要素が信号を出力した場合に，当該遮断器（ケーススタディにおける 1 号変圧器の保護であれば，遮断器 CB112 および CB211）に対して，トリップ信号を送信する。

〔2〕　電流・電圧計測

電流・電圧は，主回路（ケーススタディでは送電線 1 L）の計器用変成器（CT，VT）から計測装置に入力され，各相の実効値を計測するものとする。計測値については，一定周期（例えば，500 ms）で，SCADA へ伝送されるものとする。

〔3〕　タップ切換制御

変圧器のタップ切換制御については自動／手動の二つの制御モードがあり，これらの制御モードの切替機能を実現する。

自動制御では，主回路の VT からタップ切換装置に入力される電圧値，目標電圧値と不感帯に関する整定値に基づき，自動的にタップ切換制御を行う。

手動制御では，人間系によるタップ切換操作を SCADA などから二挙動制御方式により行う。選択時の判定は，配電用変電所内のほかの機器の選択状態や，選択対象のタップ切換器の故障状態などに基づき行う。

また，タップ切換中にタップ切換用モータの動作状態を監視し，動作が規定時間以上継続した場合，タップ渋滞を検出する。タップ切換器自体が故障している場合は，タップ切換制御を防止する。

〔4〕　遮断器故障監視

遮断器の故障信号は，以下の項目を監視対象とする。

- 重故障
- 軽故障
- ガス圧低下
- 操作用油圧低下

本ケーススタディでは，ガス圧低下や操作用油圧低下などの故障が遮断器重故障および軽故障に集約される場合を検討する。また，遮断器に故障が発生すると，状変データを自発的に SCADA へ伝送する。

〔5〕 遮断器開閉制御

遮断器の開閉制御は，二挙動制御方式によるものとする。すなわち制御対象である遮断器を選択し，選択に成功したのちに投入または開放の制御を行う。

選択時の判定は，配電用変電所内のほかの機器の選択状態や，選択対象の遮断器の故障状態，インタロック条件などに基づき行う。遮断器選択中を表現する状変データは，自発的に SCADA に伝送されるものとする。制御については，投入または開放操作を行ったあと，応動監視を行う。

6.1.3　論理ノードの選定とその役割設定

6.1.2 項に示した保護制御機能を実現するために必要な論理ノードを選定するとともに，選定した論理ノードの役割を設定する。個別の保護制御機能ごとに述べる。

〔1〕 変 圧 器 保 護

6.1.2 項に示した変圧器保護を実現するため，各リレー要素に対応して，以下の論理ノードを選定する。

- 比率差動要素：　PDIF
- 第 2 高調波抑制要素：　PHAR
- 比率過電流要素：　PIOC

さらに，各リレー要素からの出力に関する論理演算を行い，トリップ条件を

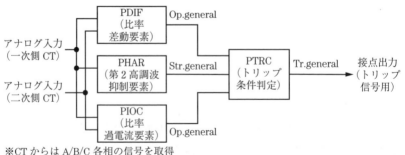

※CT からは A/B/C 各相の信号を取得

図 6.4　変圧器保護を実現する論理ノードとデータ伝達

判定する部分を，PTRC にて実現する。

各リレー要素を実現する論理ノードとそれらの間で伝達されるデータを**図 6.4** に示す。比率差動要素の条件が満たされると，PDIF のデータオブジェクトである Op のデータ属性 general の値を true として，PTRC に伝達される。同様に，第 2 高調波抑制要素の条件が満たされると PHAR における Str の general が，比率過電流要素の条件が満たされると PIOC における Op の general が，それぞれ PTRC に伝達される。PTRC では，PDIF，PHAR，PIOC から伝達されるデータに基づいて，図 6.3 に示した論理演算を行い，条件が満たされると Tr の general の値を true にするとともに，トリップ信号用の接点出力から遮断器に対してトリップ信号を送信する。

〔2〕 **電流・電圧計測**

6.1.2 項に示した電流・電圧計測を実現するために，三相交流実効値の計測を行う論理ノードである MMXU を用いる。MMXU に対する入力および Report Control Block へのデータ伝達を**図 6.5** に示す。各相の CT（例えば図 6.1 における CT111）および VT（例えば図 6.1 における VT111）からの入力信号を MMXU に取り込み，実効値を算出する。各相の電流値はデータオブジェクト A に，電圧値は PPV に保存し，その値は Report Control Block に伝達され，SCADA などへ通知する。

〔3〕 **タップ切換制御**

6.1.2 項に示したタップ切換制御を実現するために，各機能要素に対応して

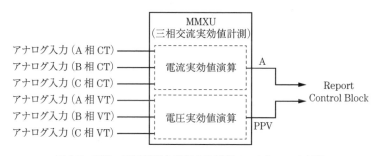

図 6.5 電流・電圧計測を実現する論理ノードとデータ伝達

以下の論理ノードを選定する。

- タップ切換制御，自動／手動切換，タップ渋滞監視：　ATCC
- 負荷時タップ切換器の故障監視：　YLTC

　各機能要素を実現する論理ノードとそれらの間で伝達されるデータを**図 6.6**に示す。制御モードの切換は，ATCC のデータオブジェクトである Auto の値（true：自動，false：手動）を切り換えることによって実現する。なお，制御モードの切換は，SCADA などから Control サービスを用いた制御メッセージにより実施する。

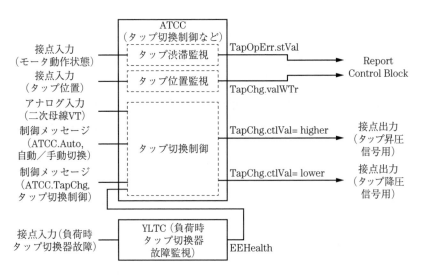

図 6.6　タップ切換制御を実現する論理ノードとデータ伝達

　制御モードが自動制御である場合，主回路の VT（例えば図 6.1 における VT21，VT22）からの入力電気量を取り込み，目標電圧値と不感帯に関する整定値に基づき，自動的にタップ切換制御の実施可否を判断する。

　タップ昇圧を制御出力する場合は，ATCC のデータオブジェクトである TapChg の値を higher とし，タップ昇圧用接点出力に割り当てる。タップ降圧を制御出力する場合は，値を lower とし，タップ降圧用接点出力に割り当てる。制御モードが手動制御である場合は，Control サービスを用いた制御メッセー

ジにより実施する。

タップ位置の監視は，タップ切換器のタップ位置に対応する接点入力を取り込み，ATCC のデータオブジェクトである TapChg のデータ属性である valWTr の値として保存される。

タップ切換器の故障状態は，タップ切換器故障接点に対応する接点入力を取り込み，YLTC のデータオブジェクトである EEHealth のデータ属性である stVal の値（2：Warning（軽故障），3：Alarm（重故障））として保存され，ATCC へ伝達される。ATCC は，YLTC から EEHealth の情報に基づき，タップ切換制御の防止可否を判断する。

タップ渋滞監視は，タップ切換器のモータ動作状態に対応する接点入力を ATCC に取り込み，ATCC のデータオブジェクトである TapOpErr のデータ属性である stVal の値として保存される。

これらのタップ位置，タップ渋滞監視の値は，Report Control Block に伝達され，SCADA などへ通知する。

〔4〕 遮断器の開閉制御と故障監視

6.1.2 項に示した遮断器開閉制御を実現するために，各機能要素に対応して，以下の論理ノードを選定する。

- 選択時の判定および遮断器の制御： CSWI
- 遮断器の制御および故障監視： XCBR，SIMG，SOPM

各機能要素を実現する論理ノードとそれらの間で伝達されるデータを**図 6.7**に示す。遮断器制御は，CSWI と XCBR を用いて実現する。CSWI のデータオブジェクトである Pos の値（true：入，false：切）によって実現し，SCADA などからの Control サービスを用いた制御メッセージにより実施する。制御メッセージを受け取った CSWI は，制御対象機器の状態値をもとに行う自身のパフォームテスト合格後，対応する制御指令を XCBR に伝達する。CSWI と XCBR が同一 IED 内に存在する場合は，内部処理として情報伝達を行うが，CSWI と XCBR が別の IED である場合は，CSWI のデータオブジェクトである Pos のデータ属性 SelOpn，SelCls，OpOpn，OpCls の値を GOOSE により伝達する。なお，

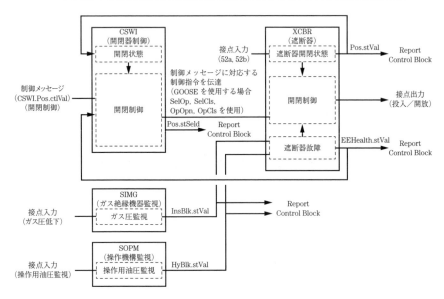

図 6.7   遮断器の開閉制御と故障監視を実現する論理ノードとデータ伝達

制御対象の選択状態は，CSWI のデータオブジェクトである Pos のデータ属性である stSeld により表現される。対応する制御指令を受け取った XCBR は，制御指令と遮断器の開閉状態および故障状態の情報などをもとに投入／開放に対応する接点出力に割り当てる。

遮断器の開閉状態は，遮断器の補助接点（a コン（52a），b コン（52b））が接点入力として XCBR に取り込まれ，XCBR のデータオブジェクトである Pos のデータ属性である stVal に反映される。また XCBR は，自身の Pos.stVal の値を CSWI に伝達するとともに，Report Control Block に伝達する。

遮断器故障監視のうちガス圧低下は，対応する接点入力を SIMG に取り込み，SIMG のデータオブジェクトである InsBlk のデータ属性である stVal の値（true：ガス圧低下，false：平常）として保存され，XCBR に伝達される。

操作油圧低下は，対応する接点入力を SOPM に取り込み，SOPM のデータオブジェクトである HyBlk のデータ属性である stVal の値（true：操作油圧低下，false：平常）として保存され，XCBR に伝達される。

SIMG および SOPM から遮断器の故障情報を受け取った XCBR は，それらの情報を XCBR のデータオブジェクトである EEHealth のデータ属性である stVal（2：Warning（軽故障），3：Alarm（重故障））に振り分ける。

6.1.4 IED の 仕 様

ここでは，本ケーススタディにて想定する IED の仕様について説明する。3.2 節で述べたように，現状流通している IED が具備する保護制御機能はメーカおよび機種などに依存する。また，入出力点数の拡張可否などの制約も存在する。そのため，要求仕様を充足する適切な IED を選定する必要がある。

本ケーススタディでは，実装される保護制御機能（すなわち実装される論理ノード）が異なる 3 種類の IED を考える。以下，便宜的に IED A，IED B，IED C と呼ぶ。各 IED が有する保護制御機能は，**表 6.1** に示すものを想定する。

表 6.1 各 IED が有する保護制御機能

保護制御機能	必要論理ノード	IED A	IED B	IED C
開閉器制御	CSWI	○	○	○
タップ切換制御	ATCC			○
三相交流実効値計測	MMXU		○	
差動リレー	PDIF	○		
高調波	PHAR	○		
瞬時過電流	PIOC	○		
トリップ条件	PTRC	○		
遮断器	XCBR		○	○
ガス絶縁機器監視	SIMG		○	
操作機構監視	SOPM		○	
タップ切換器	YLTC			○

6.2　システムの設計

　表6.1に示したIEDを使用して保護制御システムを設計する。また，本ケーススタディでは，プロセスバスを検討しないこととする。

　本ケーススタディにおける保護制御システムの構成例（各IEDが担う論理ノードおよび配置）を**図6.8**に示す。また，図6.8における保護制御システムの通信ネットワーク構成を**図6.9**に示す。これに示すように，本ケーススタディでは，ネットワーク構成は1系とする。保護制御システムのシステム構成およびネットワーク構成を決定後，各IEDの設定を実施する。

　各IEDの設定は，エンジニアリングツール（各リレーメーカなどが提供する図2.10のIED Configurator）により実装，制御ブロック（GOOSE Control Block, Report Control Block）の設定，整定を実施する。

　システム全体（SCADA）の設定は，エンジニアリングツール（図2.10の

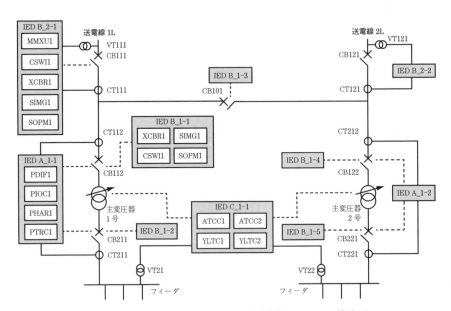

図6.8　本ケーススタディにおける保護制御システムの構成例

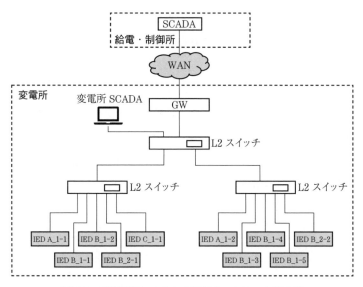

図 6.9 保護制御システムの通信ネットワーク構成例

System Configurator）で設計する。

　IED Configurator により各 IED の CID ファイルおよび IID ファイルを作成し，これらのファイルをもとに System Configurator により SCD ファイルを作成する。

 6.3　システムのテストとメンテナンス

　イーサネットスイッチや，通信相手（ベイレベルの IED を接続した場合にはステーションレベルの IED など）との疎通確認（ping など）を行い，つぎにMMS による通信を実施できることを確認する。通信ネットワークを冗長化する場合は，片系故障時などのバックアップ機能についても確認する。

　また，制御ケーブルの接続状態や導通の確認に加え，設定した制御ロジックに基づく動作についてレポートなどの通信サービスを用いて IED の単体テストを実施する。

　通信ネットワーク確立と単体試験実施後，複数の IED による結合テストを実

施し，要求仕様を充足し，動作することを確認する。

　なお，現地据付後は，IED を主回路機器に接続し，システムテストを実施する。試験にあたっては，代表試験ケースのみを実施してシステムの健全性を確認する場合もある。

　運用開始後のメンテナンスとして，IED の整定変更や主回路機器の増設などに伴う IED の設定変更，一部 IED の交換，セキュリティ対策に伴うソフトウェアの更新などがある。従来どおり，設計段階から運用開始後のメンテナンス方法に留意してシステムを開発する必要がある。

第7章
電力ネットワークにおける
保護制御システムの今後

電力ネットワークに関する保護制御システムの今後を，IEC 61850 に関連する観点から考察する。

 ## 7.1 汎用性の確保のためのアプローチ

IEC 61850 制定の目的のとおり，保護制御システムを構成する装置仕様（情報モデルや通信方式，およびエンジニアリング方法）などが標準化され，この標準に従うことで相互運用性が向上する。その結果，どの製造者の装置を使用しても保護制御システムを構成することが可能となる。また，IEC 61850 情報モデルに則したオブジェクト指向ベースのソフトウェアの作成により，ハードウェアに依存せず，互換性を確保できる可能性がある。これらの汎用性（相互運用性，互換性）が高まれば，電気事業者にとっては，製品調達の選択幅が広がる，ハードウェアに依存しないソフトウェアによる信頼性向上や低コスト化をはかることができる，などのメリットが生じる。

汎用性向上を目指したアプローチとして，IEC 61850-7-6 にて示されている BAP（basic application profile）や国内電力会社が共通的に IEC 61850 を利用するための機能仕様の活用，論理ノードの実装方法の改良，配電自動化システムなどのほかの自動化システムとの共通化などが挙げられ，実用化に向けた取り組みが進められている。

7.1.1　BAP を使ったシステム構築

IEC 61850 は変電所保護制御システムの国際標準であるが，実際に運用されるに従って，IEC 61850 の論理ノードは，オプションのデータオブジェクトが多く，システム開発の都度仕様を明確に決めなければ相互運用性がはかれない課題があることがわかってきた。これを受けて，欧州の送電会社協調機関である ENTSO–E より，IEC 61850 の相互運用性の確保に対する要求が出されている。この課題を解決するため，BAP という手法が欧州から提案され IEC 61850–7–6 としてガイドラインが規格化された[1]。

BAP とは，変電所保護制御システムの各アプリケーション（各種保護，再閉路，自動開閉制御など）に対し，複数の論理ノードを組み合わせて，実際のシステムで利用される機能の実現方法を示す基本構成のプロファイルを指す。IEC 61850–7–6 では，BAP の概念および作成のためのガイドラインを定めており，BAP の一例も記載している。

BAP では，**図 7.1** に示すように，変電所保護制御システムに必要なアプリケーション単位で論理ノードとそのデータオブジェクトを決定する。これら

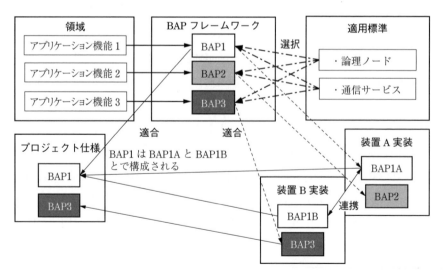

図 7.1　IEC 61850 相互接続性向上のための基本標準
（IEC 61850–7–6　Figure 3 をもとに作成）

BAP の組み合わせによってシステム構築を行い，メーカも BAP に準拠した装置を提供することになる。これにより，異なるメーカの装置の相互接続を確実なものとし，システム設計および試験の簡素化をはかることを目指している。

7.1.2 国内における機能仕様の活用

現状，国内電力会社の電力ネットワークの運用方法の違いにより，システム構成や保護監視制御システムの仕様に違いがある。各社システムの違いを維持したまま IEC 61850 の適用を実施していく場合，IEC 61850 という標準を適用しても現状と同様，独自のシステム構築がなされ，国際標準適用のメリットを享受できない恐れがある。そのため，国内電力会社が共通的に IEC 61850 を利用するための機能仕様書（以下，機能仕様）を定めている。この機能仕様では，500 kV および超高圧の変電所における監視制御システムが有する機能を対象に，論理ノードやデータオブジェクトなどの機能要素とデータ，および制御やレポートなどの通信サービスに関する仕様を定め，共通化をはかっている[2]。

機能仕様では，BAP のように論理ノード，データオブジェクトの選定のみならず，BAP から一歩踏み込んで，各機能の詳細な処理手順，設定方針などについても定めている。

7.1.3 論理ノードの実装方法の改良

論理ノードの実装については，現在 IED メーカ自らが行っており，規格としてのその実装方法については対象外としている。このため，一般的には論理ノードの実装方法は公開されていない。一方，IEC 61850–8–1 に準拠した通信を行うためのミドルウェアについても製品がリリースされている[3]。このようなミドルウェアを利用しながら論理ノードを実装することも可能である。

論理ノードの実装方法をオブジェクト指向技術利用の観点から大別すると，利用する方法と利用しない方法が考えられる。オブジェクト指向技術を利用する場合，論理ノードや共通データクラスに対応したオブジェクトを作成し，そのデータの処理を行うためのメソッドを用意して利用する。さらには，関連す

る各種処理を行うオブジェクトクラスも作成する。これらのオブジェクトクラスを作成する際には，プログラミング言語にもよるが，インタフェースを活用することで，処理手順をより効率的に隠蔽化することも可能である。

　オブジェクト指向技術を利用しない実装の一例として，遮断器投入に関するシーケンスを利用した実装方法を**図 7.2** に示す。この例では，遮断器投入指令を受信時に，関連する断路器が閉状態であること，および当該遮断器に故障が発生していないことを条件に，遮断器に対し投入信号を送信する。処理は図に示した論理回路図に基づいて実行され，その途中の各信号（例えば，断路器開閉状態）が対応するデータ属性（XSWI.Pos.stVal）の値に反映される。値の反映のやり方はいくつか方法が考えられるが，例えば処理に利用している値を保存する記憶領域をデータ属性が共有することで，値をつねに反映することが考えられる。

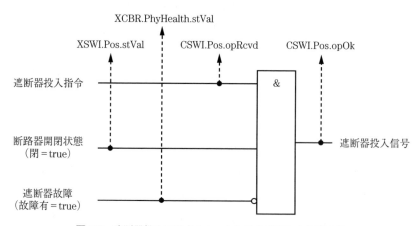

図 7.2　遮断器投入に関するシーケンスを利用した実装方法

　オブジェクト指向技術を利用する実装の一例として，三相交流の電力に関する実効値計測を担う MMXU を実現するオブジェクトクラスを**図 7.3** に示す。MMXU 以外の論理ノードでも利用するデータオブジェクトを定義するCommonLN から，MMXU を派生させる。いずれも抽象クラスとして実装するとともに，必要となるすべてのメソッドのシグニチャを定義する。このうち，

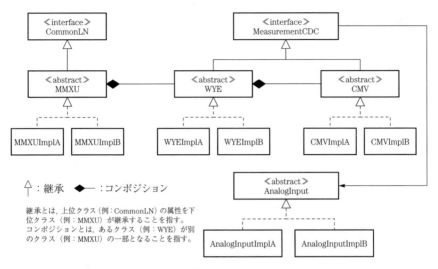

図 7.3　MMXU を実現するオブジェクトクラス

メソッドにおける具体的な処理は，どのような場合でも共通して利用できる場合にのみ実装する。一方，ハードウェアに依存する処理や，採用する演算方法（例えば，二電力計法または三電力計法）が複数存在する場合の処理は，MMXU から派生するクラス（MMXUImplA など）において実装する。この種類のクラスにおいては，新たにメソッドのシグニチャを定義することは行わない。データオブジェクトについては，該当する共通データクラスに対応するオブジェクトクラス（図 7.3 においては WYE や CMV）を定義し，論理ノードと同じように，共通する部分を表す派生元のオブジェクトクラス（図 7.3 における MeasurementCDC）や，個別の実装に対応するオブジェクトクラス（図 7.3 における WYEImplA や CMVImplA など）を用意する。さらに，IEC 61850 とは直接関係なく，かつハードウェアに依存する処理については，図 7.3 におけるアナログ入力に関する処理を担う AnalogInput クラスおよびその派生クラスのように，別のオブジェクトクラスとして定義する。

　このように，IEC 61850 に直接関係する部分としない部分や，共通する処理と条件によって異なる処理を整理してオブジェクトクラスを定義し，かつ個別

の場合による影響をオブジェクト指向技術が有するカプセル化とポリモーフィズムによって排除することで，現在の IED のようにソフトウェアがハードウェアに密に依存している状況から，ハードウェアに依存しないソフトウェアを利用できる状況に移行できる可能性がある。

　ソフトウェアがハードウェアに依存しない状況を作り出せれば，電気事業者から見た場合，以下のようなメリットを享受できる。

- IED ハードウェアが更新されても，機能を変更することなくシステム構築が可能となる。
- IED ハードウェアの選択肢が増えるため，要件を充足する適切な機種を利用することができる。

 ## 7.2　広　域　性

　IEC 61850 の適用範囲は，2 章に示したように，変電所保護制御システムを中核に，分散型電源・蓄電池・制御可能な負荷装置（以下，分散型電源など）の監視制御，配電自動化，変電所間通信，変電所・制御所間通信，水力発電，風力発電など，電力流通分野のさまざまな自動化システムに広がっている。

　本節では特に，広域性に関わり，国内でも今後重要性が増すと考えられる分野（分散型電源など，配電自動化システム，風力発電）について，現状と将来展望を示す。

7.2.1　分散型電源などの監視制御

　分散型電源などの監視制御に利用する論理ノードは，2009 年に制定された IEC 61850-7-420 に加え，インバータ電源を扱っている IEC 61850-90-7 が 2013 年に，電気自動車と電力ネットワークの連系に関わる IEC 61850-90-8 が 2016 年に，蓄電池の監視制御を扱う IEC 61850-90-9 が 2020 年にそれぞれ制定されている。また，IEC 61850-7-420 については 2020 年時点で改訂作業が進められている。

　IEC 61850-7-420 の改訂における主要項目の一つは，北米および欧州における系統連系規程（Grid Code）への対応である。北米においては，カリフォルニア州において Rule 21[4]が 2017 年 9 月に発行されるとともに，その内容が色濃く反映された IEEE 1547[5]も制定された。一方，欧州においても，ENTSO-E が定める Network Code[6]が制定されている。これらの規程においては，分散型電源が連系する際に必要となる機能として，電圧や周波数に対するフォルトライドスルー機能，**出力停止**（cease to energize），電圧に基づく無効電力制御などが定められている。これらの機能を実現するためには，IEC 61850-7-420 Ed. 1.0 で定められた論理ノードでは不十分であるため，既存論理ノードの拡張や新規論理ノードの定義が進められている。

7.2.2　配電自動化システム

　配電自動化システムに対する IEC 61850 の適用については，IEC 61850-90-6 にて示されている。ただし，欧州の配電系統も対象としているため，国内の配電自動化システムが有する機能だけでなく，配電用変電所の監視制御システムが有する機能も含まれている。

　IEC 61850-90-6 で扱っている機能は以下のとおりであり，対応する論理ノードまで定められている。

- 事故表示
- 事故区間分離・復旧
- 電圧・無効電力制御
- 単独運転防止
- 受電切替
- 潮流監視
- 変電所の状況監視

　事故表示については，欧州で普及している**事故表示器**（FPI：fault passage indicator）および関連する論理ノードが定義されている。FPI とは事故電流を検出したことを表示する装置で，**図 7.4** に示すように各相に設置される。この

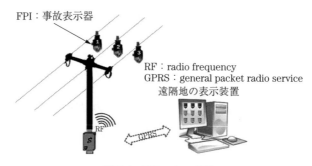

図7.4　FPIのイメージ[7]

　FPIにおける事故検出結果を遠隔地に送信する際に利用するものが，FPIに対応した論理ノード（SFPI）として定められている。このほか，国内の監視制御システムに利用できる論理ノードとして，検圧リレーに相当する論理ノード（SVPI）が定められている。検圧リレーについては，これまでIEC 61850-7-4 Ed. 2.0においても定められておらず，適切な論理ノードが存在しなかったが，今後はSVPIを変電所保護制御システムでも利用することが可能になる。

　事故区間分離・復旧については，ローカル型・集中型・分散型の三つのタイプを記載している。ローカル型では，事前に設定された値に基づいて，事故時の処理を行う。集中型では事故時の測定データを1箇所に集め，集中箇所からの制御に基づいて事故区間の分離と健全箇所の復旧を行う。分散型では分散配置された装置が，事故時のデータを相互に交換することによって事故区間の分離と健全箇所の復旧を行う。このうちローカル型における一つのタイプとして，時限順送方式を日本から提案し，IEC 61850-90-6に掲載するに至っている。時限順送方式を実現するための新たな論理ノード（RRFV）では，事故時の再閉路までのタイマ時刻（X時限）や，区分開閉器における変電所側と設定するためのパラメータなどを定めている。

　電圧・無効電力制御では，フィーダに設置された測定箇所から電圧データを1箇所に集め，そこで行われた判断に基づいて，配電用変電所における負荷時タップ切換器およびフィーダに設置された電圧調整器の制御を行うシステムが

示されている。この電圧・無効電力制御については，既存の論理ノード（タップ切換の自動制御を担う ATCC や負荷時タップ切換器を示す YLTC など）を用いることで実現できるとされている。

　単独運転防止機能は，配電用変電所の二次母線やフィーダに発生した事故により，分散型電源が連系しているフィーダの一部において需給バランスが均衡し，分散型電源が運転を継続する，すなわち**分離配電系統**（unintentional islanding）が生じることを防止する機能である。この機能を実現するために，分離配電系統の発生状況を把握するための論理ノード（DISL）が定義されている。DISL では，遮断器の開閉状況やフィーダなどの電圧有無を収集して，分離配電系統が発生しているかどうかを判断する。分離配電系統が発生している場合には，その系統に連系している分散型電源の出力停止や遮断を行う。

　受電切替は，欧州の配電系統における Secondary Substation が具備する受電回線の切替機能を扱っている。Secondary Substation とはフィーダから受電し，中圧（例えば 22 kV）から低圧（例えば 240 V）に変圧して，需要家に供給する設備であり，日本における配電塔に近い設備である。Secondary Substation はフィーダ 2 回線に接続されており，通常は 1 回線で受電し，事故が発生すると予備回線に切り替えられる。日本においては，同様の機能が配電用変電所に装備されている[8]。この受電切替を行うための論理ノードとして AATS が定義されている。AATS は，受電 2 回線の電圧検出に基づき，受電切替に必要な遮断器に対する開放・投入指令を送信する。

　潮流監視は，潮流の向きおよび量の把握を配電系統の運用の視点から行うものである。あわせて，順潮流方向の設定機能を含む。この機能は，IEC 61850–7–4 Ed. 2.0 で定められている計器用変成器の論理ノード（TCTR, TVTR）や計測を担う論理ノード（MMXU, MMTR）を利用することで実現できる。

　変電所の状況監視では，変電所周囲の天候や環境（洪水，地震など），変電所構内における人・その他動物の存在や扉の開閉状態などの監視を扱っている。これらの監視情報を扱うために，以下に示す論理ノードが新たに定義されている。

- SPSE：　ゲートの開閉状態，人・動物・ドローンの存在有無の監視
- SFOD：　洪水に関する警報・注意報
- KFIM：　火災発生や消防設備動作状態の監視
- SSMK：　発煙に関する警報・注意報
- KILL：　照明の制御および状態監視
- SGPD：　地震の計測および警報・注意報

なお，気象に関しては MMET，周囲の環境について MENV という既存の論理ノードを利用することができる。

7.2.3　風力発電の監視制御

風力発電の監視制御については，IEC 61850 の内容に基づく IEC 61400–25 シリーズにて制定されている。IEC 61400–25 シリーズの概要を**表 7.1** に示す。

表 7.1　IEC 61400–25 シリーズの概要

番　号	版	概　要
IEC 61400–25–1	Ed. 2.0（2017）	基本とモデルの概要
IEC 61400–25–2	Ed. 2.0（2015）	情報モデル
IEC 61400–25–3	Ed. 2.0（2015）	情報交換モデル
IEC 61400–25–4	Ed. 2.0（2016）	通信プロファイルへのマッピング
IEC 61400–25–5	Ed. 2.0（2017）	IEC 61400–25 適合性試験
IEC 61400–25–6	Ed. 2.0（2016）	状態監視のための論理ノードとデータオブジェクト

IEC 61400–25–4 では，IEC 61850–8–1 で定められている MMS や，IEC 61850–8–2 で定められている XMPP とは別に，SOAP ベースの Web サービス，OPC XML–DA，IEC 60870–5–104，DNP3 へのマッピングが示されている。各通信プロトコルにおける通信サービスの対応関係を**表 7.2** に示す。この表における AddSubscription と RemoveSubscription は，IEC 61400–25–3 で定義されている通信サービスであり，IEC 61850–7–2 では規定されていない。これらはレポートサービスの送信先設定または解除をサーバ側に要求するために利用される。

表 **7.2** 通信サービスと IEC 61400-25-4 における各マッピングの対応関係

通信サービス	Web サービス	OPC XML-DA	IEC 60870-5-104	DNP3
Associate	○	○	○	○
Release	○	○	○	—
Abort	○	○	—	—
GetServerDirectory	○	○	—	○
GetLogicalDeviceDirectory	○	○	—	○
GetLogicalNodeDirectory	○	○	—	—
GetDataValues	○	○	○	○
SetDataValues	○	○	○	○
GetDataDirectory	○	○	—	—
GetDataDefinition	○	○	—	—
GetDataSetValues	○	△	—	○
SetDataSetValues	○	—	—	○
CreateDataSet	○	—	—	—
DeleteDataSet	○	—	—	—
GetDataSetDirectory	○	—	—	—
Report	○	○	○	—
GetBRCBValues	○	—	—	—
SetBRCBValues	○	—	—	—
GetURCBValues	○	—	—	—
SetURCBValues	○	—	—	—
AddSubscription	○	○	—	—
RemoveSubsccription	○	○	—	—
GetLCBValues	○	—	—	—
SetLCBValues	○	—	—	—
GetLogStatusValues	○	—	—	—
QueryLogByTime	○	—	—	—
QueryLogAfter	○	—	—	—

表 **7.2**　（つづき）

通信サービス	Web サービス	OPC XML-DA	IEC 60870-5-104	DNP3
Select	○	○	○	○
SelectWithValue	○	○	○	○
Cancel	○	○	○	―
Operate	○	○	○	○
CommandTermination	○	○	○	○
TimeActivatedOperate	○	○	―	―

○：サポート，△：一部サポート，―：サポート外

Web サービスについてはすべての通信サービスをサポートしているが，ほかの通信プロトコルでは一部通信サービスのサポートにとどまっている。すべてのプロトコルでサポートされている通信サービスとしては，アソシエーションをオンラインで設定するための Associate，データオブジェクトの値の取得または設定を行う GetDataValues や SetDataValues，制御に関する Select・SelectWithValue・Operate・CommandTermination である。

 ## 7.3　標準化範囲の拡大

7.3.1　エンジニアリングツールの標準化

標準化対象を拡大することによってメリットを享受できる最大の分野は，エンジニアリングツール（IED configurator，system configurator）と考えられる。すでに，IED configurator と system configurator の間は SSD/SCD ファイルの交換により，マルチベンダ対応が進んでいる。さらに，今後 IED Configurator に関する標準が定まることによって，ある IED configurator を異なるメーカの IED に対して利用することが可能となる。これにより，電力会社が保護制御システムの全体あるいは一部を更新する際に，従来から利用している資産（設定，演算ロジックなど）をそのまま利用可能となる。

　このようなツールに関する動きとして，韓国の電力研究所（KEPRI）が韓国電力（KEPCO）とともに，韓国メーカ7社に共通のツールを開発した事例がある[9]。また，ENTSO-E，コンサルティング会社のit4power，ドイツ最大の研究機構であるFraunhoferの三者も同様に，ENTSO-E内で使用できるよう共通のツールを開発した[10]。

7.3.2　標準化を充実させるための置換性の可能性

　IEC 61850作成の目的は，異なるメーカから提供されるIED間の**相互運用性**（interoperability）を提供することにある（IEC 61850-5 Edition 2.0 Section 6.1[11]）。一方，**置換性**（interchangeability）は本標準の対象外である。ただし，IEC 61850の利用は，置換性を確保するために必要な手段の一つである。ここでいう相互運用性とは，2台以上のIEDが情報交換を行い，その情報を各IEDにおける機能のために利用したり，ほかのIEDと協調した処理に利用したりすることを意味する（IEC 61850-5 Edition 2.0 Section 3.3.1）。一方，置換性とは，既設のIEDを新しいIED（同一メーカ，他メーカにかかわらず）に置き換えても同じ機能を提供し，変電所保護制御システムに対して影響を与えないことを意味する（IEC 61850-5 Edition 2.0 Section 3.3.2）。相互運用性の確保と置換性の実現の間に存在する相違には，機能における処理のタイミングを考慮するかどうかや，正しく動作しない場合の処理（例外処理）の意味を考慮するか否かという点が含まれる。これらは，IEC 61850で定められた論理ノードが提供する機能の実装方法に依存する。

　一部IEDの交換を行う場合，同機種に交換する場合と，異機種に交換する場合が考えられる。

　同機種に交換する場合には，SCLファイルなどはそのまま利用できる。さらには，システム全体としての確認事項としては，最初にシステム構築を行ったときと同じ作業を実施すればよい。

　一方，異機種に交換する場合には，まず交換前のIEDが有する論理ノードやデータオブジェクトを実装している機種を選定する。そして，交換する新たな

IED に対する IID ファイルを，交換前の IED 用の IID ファイルあるいはシステム全体の構成を示す SCD ファイルから作成する。そして，新たな IED 用のエンジニアリングツールを利用して，必要な設定を行う。さらには，動的特性がシステム要件を満たすことを確認する試験を実施する。

　従来のシステム構築方法であれば，異機種に交換することは考えにくい。しかし，当該 IED 生産の中止への部品確保を不要にし，ライフサイクルコストの抑制を実現できる可能性がある。IEC 61850 では，置換性の確保を目的とはしていないが，さらに相互運用性を極めると，将来的には一部 IED を異なるメーカの IED に交換できる可能性がある。

　置換性を確保するためには，機能レベルの標準化が必要とされる。このための一助になりうる標準化活動として，Function Modeling と Function Testing がある。

　Function Modeling は，IEC 61850–6–100 として作成することが提案され，参加国から了解が得られた状況にある。IEC 61850–6–100 で記述するおもな内容は以下のとおりである。

- SCL における機能モデルの強化
- SCL における機能と論理的な機能／デバイスモデル／主回路レベルの機能の関係明確化
- データ交換情報に関するモデルの強化
- 変電所を対象とした，SCL における機能のクラス分けと，SCL モデルへの反映（変電所以外については別のクラス分けを用意する）
- 「機能」，「分散機能」，「アプリケーション」，「保護スキーム」間の関係のモデル化
- BAP で定義された自動化と保護機能に関するモデリングのサポート
- ANSI/IEEE C 37.2 のマッピング追加
- IEC 61850 エンジニアリング作業への影響

　Function Testing は，IEC 61850–10–3 として文書の作成が進められている。テストに関しては，V 字型モデルが採用されている。V 字型モデルとは，図

2.13 に示すようにシステム開発工程をモデル化したものであり，システムの開発・試験の工程管理に広く使われている。

IEC 61850-10-3 では，テストのユースケースとして，遮断器不動作対策保護と遮断器の選択制御が示される見込みである。遮断器不動作対策保護を実現する論理ノードと IED の組み合わせの一例を**図 7.5** に示す。IED4 に配置された RBRF が，遮断器不動作を把握し必要に応じて別の遮断器のトリップを行う役割を担う論理ノードである。このほかの論理ノードは以下のとおりである。

- PTOC： 過電流リレー要素の演算を行う。
- PTRC： トリップ回路に相当する。
- TCTR： 変流器を表す。
- XCBR： 遮断器を表す。

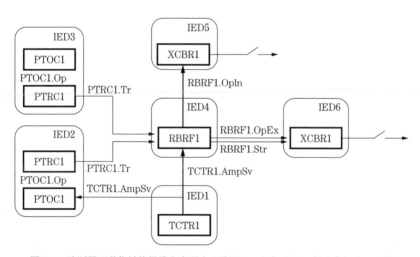

図 7.5 遮断器不動作対策保護を実現する論理ノードと IED の組み合わせの一例

7.3.3 システム管理

IEC 61850 に基づく IED やシステムの管理についても，標準化をはかる活動が IEC TC 57 WG 17 で行われており，現在はファームウェアの更新や，IED のハードウェア更新に対応するユースケースの検討を行っている。これらのユー

スケースを特定できたのちに，関連する通信やIEDの機能が検討される予定である。これらの内容は，今後IEC 61850-90-16としてまとめられる予定である。

7.4　電力会社，メーカの役割分担

　従来は，国内の保護制御システムのライフサイクルにおいて，電力会社が保護制御システムに対する要求定義と試験結果の確認を担い，メーカは電力会社の要件に基づくシステムの設計からIEDの製造または調達，設定，組み合わせ試験などを担ってきた。

　しかし今後は，IEDが単品で調達できることや，IEDの設定用ツールが利用できることから，電力会社がシステムの構築や設定に深く関わることが可能な環境が整いつつある。このため電力会社は，保護制御システムのライフサイクルコストを十分評価した上で，メーカが担ってきたシステム構築や設定などの業務を取り込むことができる。この場合には，その技術的な支援を行う技術コンサルタントの役割が重要性を増す。

　また，電力会社がシステム構築や設定などの業務を取り込まない場合，外部のシステムインテグレータに発注することも考えられる。

　このように，IEC 61850により相互運用性の確保やエンジニアリングツールの充実がはかられることによって，従来とは異なる役割分担により，保護制御システムの構築や設定が行われる可能性がもたらされる。

7.5　デ ー タ 活 用

　IEC 61850を利用し変電所設備のセンサデータ・監視情報などを収集することで**設備保守・資産管理**（asset management）に用いることができる。また，保護リレーなどの故障点標定データと地図情報を組み合わせることで，故障箇所・原因を迅速に検出することが期待できる。さらに送配電系統，設備機器やスマートメータのデータ活用により，社会問題を解決する電力プラットフォー

ムも検討されている。

　図 7.6 に IEC 61850 を利用した遮断器，変圧器の最適運用，予防保全の例を
示す。この例では，遮断器と変圧器に温度センサなどを設置し，遮断器と変圧

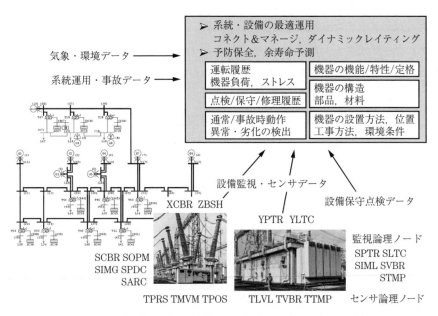

図 7.6　IEC 61850 を利用した遮断器，変圧器の最適運用，予防保全

表 7.3　遮断器，変圧器の監視およびセンサの論理ノード

	遮断器		変圧器	
	論理ノード	項　目	論理ノード	項　目
監　視	SCBR	遮断器	SPTR	変圧器
	SOPM	動作機構	SLTC	タップ切替器
	SIMG	ガス絶縁	SIML	油絶縁
	SPDC	部分放電	SVBR	振　動
	SARC	接点アーク	STMP	温　度
センサ	TPRS	ガス圧力	TLVL	油面レベル
	TMVM	接点動作	TVBR	振　動
	TPOS	接点位置	TTMP	温　度

器の状態把握を通じて最適運用や予防保全を行う。**表 7.3** に遮断器，変圧器の
監視およびセンサの論理ノードを示す。これらの論理ノードで収集された監
視・センサデータは設備保守点検データ，系統運用・事故データ，気象・環境
データなどと関係づけられ履歴情報として蓄積される。これらの履歴・蓄積情
報と現在データから系統・設備状態や環境に対応した最適運転（コネクト＆マ
ネージ，ダイナミックレイティング）を行うことができる。また設備の予防保
全，余寿命予測などもより的確に行えることが期待できる。

引用・参考文献

1)　IEC TR 61850-7-6:2019 – Part 7-6: Guideline for definition of Basic Application Profiles
　　(BAPs) using IEC 61850
2)　大谷哲夫・近藤健二・瀧田史：国内の変電所監視制御システムに対する IEC 61850 の適
　　用 ―各監視制御機能を実現する論理ノードの仕様作成方針―，電力中央研究所報告
　　R15010（2016）
3)　SISCO Inc. MMS LITE, https://www.sisconet.com/products/mms-lite/（2017 年 12 月 21 日
　　閲覧）
4)　California Public Utilities Commission: Rule 21 Interconnection, http://www.cpuc.ca.gov/
　　Rule21/（2020.1 現在）
5)　IEEE: IEEE Standard for Interconnection and Interoperability of Distributed Energy
　　Resources with Associated Electric Power Systems Interfaces, IEEE Std 1547-2018 (2018)
6)　ENTSO-E: Requirements for Generators, https://electricity.network-codes.eu/network_
　　codes/rfg/（2020.1 現在）
7)　indiamart: "Commnicable Fault Passage Indicators", https://www.indiamart.com/
　　proddetail/communicable-fault-passage-indicators-8982427033.html（2020.1 現在）
8)　中部電力：配電用変電所の自動受電切替装置の開発，中部電力技術開発ニュース，35 号
　　(1988)
9)　電気学会・三菱総合研究所：電力システム管理共通情報モデル（CIM）及び変電所通信
　　プロトコル標準普及事業　報告書（2014）
10)　ENTSO-E, it4power, Fraunhofer: "ENTSO-E Interoperability specification tool for IEC
　　61850,"
　　https://docstore.entsoe.eu/Documents/RDC%20documents/Standardisation/IEC61850/
　　ISTool_IEC61850_Poster.pdf（2020.1 現在）
11)　IEC: Communication networks and systems for power utility automation – Part 5:
　　Communication requirements for functions and device models, IEC 61850-5 Edition 2.0
　　(2013)

付　　　　録

IEC 61850-7-4 で定義されている論理ノード，IEC 61850-7-3 で規定されている共通データクラスを**付表 1**，**付表 2** に示す。また IEC 61850 を分散電源用に拡張した IEC 61850-7-420 で規定される論理ノード，共通データクラスを**付表 3** に示す。

付表 1　IEC 61850-7-4　論理ノード一覧

章番号		LN グループ	
		LN クラス	LN クラス名称
5.3		System logical nodes LN group: L	
	5.3.2	LPHD	Physical device information
	5.3.3	LN	common logical node Common
	5.3.4	LLN0	Logical node zero
	5.3.5	LCCH	Physical communication channel supervision
	5.3.6	LGOS	GOOSE subscription
	5.3.7	LSVS	Sampled value subscription
	5.3.8	LTIM	Time management
	5.3.9	LTMS	Time master supervision
	5.3.10	LTRK	Service tracking
5.4		Automatic control LN Group: A	
	5.4.2	ANCR	Neutral current regulator
	5.4.3	ARCO	Reactive power control
	5.4.4	ARIS	Resistor control
	5.4.5	ATCC	Automatic tap changer controller
	5.4.6	AVCO	Voltage control
5.5		Control LN Group: C	
	5.5.2	CALH	Alarm handling
	5.5.3	CCGR	Cooling group control
	5.5.4	CILO	Interlocking
	5.5.5	CPOW	Point-on-wave switching

付表 1　（つづき）

章番号		LN グループ	
		LN クラス	LN クラス名称
5.5		Control LN Group: C	
	5.5.6	CSWI	Switch controller
	5.5.7	CSYN	Synchronizer controller
5.6		Functional blocks LN group F	
	5.6.2	FCNT	Counter
	5.6.3	FCSD	Curve shape description
	5.6.4	FFIL	Generic filter
	5.6.5	FLIM	Control function output limitation
	5.6.6	FPID	PID regulator
	5.6.7	FRMP	Ramp function
	5.6.8	FSPT	Set-point control function
	5.6.9	FXOT	Action at over threshold
	5.6.10	FXUT	Action at under threshold
5.7		Generic references LN Group: G	
	5.7.2	GAPC	Generic automatic process control
	5.7.3	GGIO	Generic process I/O
	5.7.4	GLOG	Generic log
	5.7.5	GSAL	Generic security application
5.8		Interfacing and archiving LN Group: I	
	5.8.2	IARC	Archiving
	5.8.3	IHMI	Human machine interface
	5.8.4	ISAF	Safety alarm function
	5.8.5	ITCI	Telecontrol interface
	5.8.6	ITMI	Telemonitoring interface
	5.8.7	ITPC	Teleprotection communication interfaces
5.9		Mechanical and non-electric primary equipment LN group K	
	5.9.2	KFAN	Fan
	5.9.3	KFIL	Filter
	5.9.4	KPMP	Pump
	5.9.5	KTNK	Tank
	5.9.6	KVLV	Valve control
5.10		Metering and measurement LN Group: M	
	5.10.2	MENV	Environmental information
	5.10.3	MFLK	Flicker measurement name
	5.10.4	MHAI	Harmonics or interharmonics

付表 1　（つづき）

章番号		LN グループ	
		LN クラス	LN クラス名称
5.10		Metering and measurement LN Group: M	
	5.10.5	MHAN	Non-phase-related harmonics or interharmonics
	5.10.6	MHYD	Hydrological information
	5.10.7	MMDC	DC measurement
	5.10.8	MMET	Meteorological information
	5.10.9	MMTN	Metering
	5.10.10	MMTR	Metering
	5.10.11	MMXN	Non-phase-related measurement
	5.10.12	MMXU	Measurement
	5.10.13	MSQI	Sequence and imbalance
	5.10.14	MSTA	Metering statistics
5.11		Protection functions LN Group: P	
	5.11.2	PDIF	Differential
	5.11.3	PDIR	Direction comparison
	5.11.4	PDIS	Distance
	5.11.5	PDOP	Directional overpower
	5.11.6	PDUP	Directional underpower
	5.11.7	PFRC	Rate of change of frequency
	5.11.8	PHAR	Harmonic restraint
	5.11.9	PHIZ	Ground detector
	5.11.10	PIOC	Instantaneous overcurrent
	5.11.11	PMRI	Motor restart inhibition
	5.11.12	PMSS	Motor starting time supervision
	5.11.13	POPF	Over power factor
	5.11.14	PPAM	Phase angle measuring
	5.11.15	PRTR	Rotor protection
	5.11.16	PSCH	Protection scheme
	5.11.17	PSDE	Sensitive directional earthfault
	5.11.18	PTEF	Transient earth fault
	5.11.19	PTHF	Thyristor protection
	5.11.20	PTOC	Time overcurrent
	5.11.21	PTOF	Overfrequency
	5.11.22	PTOV	Overvoltage
	5.11.23	PTRC	Protection trip conditioning
	5.11.24	PTTR	Thermal overload

付表 1 （つづき）

章番号		LN グループ	
		LN クラス	LN クラス名称
5.11		Protection functions LN Group: P	
	5.11.25	PTUC	Undercurrent
	5.11.26	PTUF	Underfrequency
	5.11.27	PTUV	Undervoltage
	5.11.28	PUPF	Underpower factor
	5.11.29	PVOC	Voltage controlled time overcurrent
	5.11.30	PVPH	Volts per Hz
	5.11.31	PZSU	Zero speed or underspeed
5.12		Power quality events LN Group: Q	
	5.12.2	QFVR	Frequency variation
	5.12.3	QITR	Current transient
	5.12.4	QIUB	Current unbalance variation
	5.12.5	QVTR	Voltage transient
	5.12.6	QVUB	Voltage unbalance variation
	5.12.7	QVVR	Voltage variation
5.13		Protection related functions LN Group: R	
	5.13.2	RADR	Disturbance recorder channel analogue
	5.13.3	RBDR	Disturbance recorder channel binary
	5.13.4	RBRF	Breaker failure
	5.13.5	RDIR	Directional element
	5.13.6	RDRE	Disturbance recorder function
	5.13.7	RDRS	Disturbance record handling
	5.13.8	RFLO	Fault locator
	5.13.9	RMXU	Differential measurements
	5.13.10	RPSB	Power swing detection/blocking
	5.13.11	RREC	Autoreclosing
	5.13.12	RSYN	Synchronism-check
5.14		Supervision and Monitoring LN Group: S	
	5.14.2	SARC	Monitoring and diagnostics for arcs
	5.14.3	SCBR	Circuit breaker supervision
	5.14.4	SIMG	Insulation medium supervision（gas）
	5.14.5	SIML	Insulation medium supervision（liquid）
	5.14.6	SLTC	Tap changer supervision
	5.14.7	SOPM	Supervision of operating mechanism
	5.14.8	SPDC	Monitoring and diagnostics for partial discharges

付表 1　（つづき）

章番号		LN グループ	
		LN クラス	LN クラス名称
5.14		Supervision and Monitoring LN Group: S	
	5.14.9	SPTR	Power transformer supervision
	5.14.10	SSWI	Circuit switch supervision
	5.14.11	STMP	Temperature supervision
	5.14.12	SVBR	Vibration supervision
5.15		Instrument transformers and Sensors LN Group: T	
	5.15.2	TANG	Angle
	5.15.3	TAXD	Axial displacement
	5.15.4	TCTR	Current transformer
	5.15.5	TDST	Distance
	5.15.6	TFLW	Liquid flow
	5.15.7	TFRQ	Frequency
	5.15.8	TGSN	Generic sensor
	5.15.9	THUM	Humidity
	5.15.10	TLVL	Media level
	5.15.11	TMGF	Magnetic field
	5.15.12	TMVM	Movement sensor
	5.15.13	TPOS	Position indicator
	5.15.14	TPRS	Pressure sensor
	5.15.15	TRTN	Rotation transmitter
	5.15.16	TSND	Sound pressure sensor
	5.15.17	TTMP	Temperature sensor
	5.15.18	TTNS	Mechanical tension/stress
	5.15.19	TVBR	Vibration sensor
	5.15.20	TVTR	Voltage transformer
	5.15.21	TWPH	Water acidity
5.16		Switchgear LN Group: X	
	5.16.2	XCBR	Circuit breaker
	5.16.3	XSWI	Circuit switch
5.17		Power transformers LN Group: Y	
	5.17.2	YEFN	Earth fault neutralizer (Petersen coil)
	5.17.3	YLTC	Tap changer
	5.17.4	YPSH	Power shunt
	5.17.5	YPTR	Power transformer

付表1　（つづき）

章番号		LN グループ	
		LN クラス	LN クラス名称
5.18		Further power system equipment LN Group: Z	
	5.18.2	ZAXN	Auxiliary network
	5.18.3	ZBAT	Battery
	5.18.4	ZBSH	Bushing
	5.18.5	ZCAB	Power cable
	5.18.6	ZCAP	Capacitor bank
	5.18.7	ZCON	Converter
	5.18.8	ZGEN	Generator
	5.18.9	ZGIL	Gas insulated line
	5.18.10	ZLIN	Power overhead line
	5.18.11	ZMOT	Motor
	5.18.12	ZREA	Reactor
	5.18.13	ZRES	Resistor
	5.18.14	ZRRC	Rotating reactive component
	5.18.15	ZSAR	Surge arrestor
	5.18.16	ZSCR	Semi-conductor controlled rectifier
	5.18.17	ZSMC	Synchronous machine
	5.18.18	ZTCF	Thyristor controlled frequency converter
	5.18.19	ZTCR	Thyristor controlled reactive component

付表2　IEC 61850-7-3　共通データクラス

章番号		CDC グループ	
		CDC	CDC 名称
7.3		Status Information　状態情報	
	7.3.2	SPS	Single point status
	7.3.3	DPS	Double point status
	7.3.4	INS	Integer status
	7.3.5	ENS	Enumerated status
	7.3.6	ACT	Protection activation information
	7.3.7	ACD	Directional protection activation information
	7.3.8	SEC	Security violation counting
	7.3.9	BCR	Binary counter reading
	7.3.10	HST	Histogram

付表 2　（つづき）

章番号		CDC グループ	
		CDC	CDC 名称
7.4	Measurand Information　計測情報		
	7.4.2	MV	Measured value
	7.4.3	CMV	Complex measured value
	7.4.4	SAV	Sampled value
	7.4.5	WYE	Phase to ground/neutral related measured values of a three-phase system
	7.4.6	DEL	Phase to phase related measured values of a three-phase system
	7.4.7	SEQ	Sequence
	7.4.8	HMV	Harmonic value
	7.4.9	HWYE	Harmonic value for WYE
	7.4.10	HDEL	Harmonic value for DEL
7.5	Controls　制御		
	7.5.2	SPC	Controllable single point
	7.5.3	DPC	Controllable double point
	7.5.4	INC	Controllable integer status
	7.5.5	ENC	Controllable enumerated status
	7.5.6	BSC	Binary controlled step position information
	7.5.7	ISC	Integer controlled step position information
	7.5.8	APC	Controllable analogue process value
	7.5.9	BAC	Binary controlled analog process value
7.6	Status Settings　状態設定		
	7.6.2	SPG	Single point setting
	7.6.3	ING	Integer status setting
	7.6.4	ENG	Enumerated status setting
	7.6.5	ORG	Object reference setting
	7.6.6	TSG	Time setting group
	7.6.7	CUG	Currency setting group
	7.6.8	VSG	Visible string setting
7.7	Analogue Settings　アナログ値設定		
	7.7.2	ASG	Analogue setting
	7.7.3	CURVE	Setting curve
	7.7.4	CSG	Curve shape setting
7.8	Description Information　説明情報		
	7.8.2	DPL	Device name plate

付表 2 （つづき）

章番号	CDC グループ	
	CDC	CDC 名称
7.8	Description Information　説明情報	
7.8.3	LPL	Logical node name plate
7.8.4	CSD	Curve shape description

付表 3　IEC 61850-7-420　分散電源 論理ノード，共通データクラス

章番号	LN グループ	
	LN クラス	LN クラス名称
5	DER management systems	
5.2	DER plant ECP logical device	
5.2.2	DCRP	DER plant corporate characteristics at the ECP
5.2.3	DOPR	Operational characteristics at ECP
5.2.4	DOPA	DER operational authority at the ECP
5.2.5	DOPM	Operating mode at ECP
5.2.6	DPST	Status information at the ECP
5.2.7	DCCT	DER economic dispatch parameters
5.2.8	DSCC	DER energy and/or ancillary services schedule control
5.2.9	DSCH	DER energy and/or ancillary services schedule
5.3	DER unit controller logical device	
5.3.2	DRCT	DER controller characteristics
5.3.3	DRCS	DER controller status
5.3.4	DRCC	DER supervisory control
6	DER generation systems	
6.1	DER generation logical device	
6.1.2	DGEN	DER unit generator
6.1.3	DRAT	DER generator ratings
6.1.4	DRAZ	DER advanced generator ratings
6.1.5	DCST	Generator cost
6.2	DER excitation logical device	
6.2.2	DREX	Excitation ratings
6.2.3	DEXC	Excitation
6.3	DER speed/frequency controller	
6.3.2	DSFC	Speed/Frequency controller

付表 3（つづき）

章番号		LN グループ	
		LN クラス	LN クラス名称
6		DER generation systems	
	6.4	DER inverter/converter logical device	
		6.4.2	ZRCT	Rectifier
		6.4.3	ZINV	Inverter
7		Specific types of DER	
	7.1	Reciprocating engine logical device	
		7.1.3	DCIP	Reciprocating engine
	7.2	Fuel cell logical device	
		7.2.3	DFCL	Fuel cell controller
		7.2.4	DSTK	Fuel cell stack
		7.2.5	DFPM	Fuel processing module
	7.3	Photovoltaic system (PV) logical device	
		7.3.3	DPVM	Photovoltaics module ratings
		7.3.4	DPVA	Photovoltaics array characteristics
		7.3.5	DPVC	Photovoltaics array controller
		7.3.6	DTRC	Tracking controller
	7.4	Combined heat and power (CHP) logical device	
		7.4.3	DCHC	CHP system controller
		7.4.4	DCTS	Thermal storage
		7.4.5	DCHB	Boiler
8		Auxiliary systems	
	8.1	Fuel system logical device	
		8.1.2	MFUL	Fuel characteristics
		8.1.3	DFLV	Fuel delivery system
	8.2	Battery system logical device	
		8.2.2	ZBAT	Battery systems
		8.2.3	ZBTC	Battery charger
	8.3	Logical node for fuse device	
		8.3.2	XFUS	Fuse
	8.4	Logical node for sequencer	
		8.4.2	FSEQ	Sequencer
	8.5	Physical measurements	
		8.5.2	STMP	Temperature measurements
		8.5.3	MPRS	Pressure measurements
		8.5.4	MHET	Heat measured values

付表 3 （つづき）

章番号	LN グループ	
	LN クラス	LN クラス名称
8	Auxiliary systems	
8.5	Physical measurements	
8.5.5	MFLW	Flow measurements
8.5.6	SVBR	Vibration conditions
8.5.7	MENV	Emissions measurements
8.5.8	MMET	Meteorological conditions
8.6	Metering	
8.6.1	Electric metering （IEC 62056 を参照）	

章番号	CDC グループ
	CDC 名称
9	DER common data classes （CDC）
9.1	Array CDCs
9.1.1	E-Array （ERY） enumerated common data class specification
9.1.2	V-Array （VRY） visible string common data class specification
9.2	Schedule CDCs
9.2.1	Absolute time schedule （SCA） settings common data classes specification
9.2.2	Relative time schedule （SCR） settings common data class specification

索　　　引

—— 編著者・著者略歴 ——

天雨　徹（あまう　とおる）
現職：中部電力パワーグリッド株式会社送変電部担当部長（保護制御）。電気学会上級会員，電気学会保護リレーシステム技術委員会委員長。博士（工学）。技術士（電気電子部門）。
2015 年　名古屋工業大学大学院工学研究科博士後期課程修了（情報工学専攻）
2015 年　名古屋工業大学客員准教授（併任）　現在に至る

田中　立二（たなか　たつじ）
現職：産業技術総合研究所客員研究員，早稲田大学招聘研究員。電気学会上級会員。IEC TC57 WG10, 19, TC69 JWG15 エキスパート。
1971 年　早稲田大学理工学部数学科卒業。同年東芝入社
2017 年　東芝を退職

大谷　哲夫（おおたに　てつお）
現職：一般財団法人 電力中央研究所グリッドイノベーション研究本部ネットワーク技術研究部門副部門長。電気学会上級会員。IEC TC 57 WG10, 17, 18 エキスパート。博士（工学）。技術士（情報工学部門）。
2003 年　慶應義塾大学大学院理工学研究科後期博士課程修了（開放環境科学専攻）
2012 年　名古屋工業大学客員准教授（併任）　現在に至る

IEC 61850 を適用した電力ネットワーク
—スマートグリッドを支える変電所自動化システム—
The Electric Power Network Applying IEC 61850

©Toru Amau, Tatsuji Tanaka, Tetsuo Otani 2020

2020 年 6 月 18 日　初版第 1 刷発行　　　　　　　　　　　　　　　　　★
2022 年 6 月 15 日　初版第 2 刷発行

検印省略	編 著 者	天　　雨　　　　徹
	著　 　者	田　　中　　立　　二
		大　　谷　　哲　　夫
	発 行 者	株式会社　　コ ロ ナ 社
		代 表 者　　牛 来 真 也
	印 刷 所	美研プリンティング株式会社
	製 本 所	有限会社　　愛 千 製 本 所

112-0011　東京都文京区千石 4-46-10
発 行 所　株式会社　コ ロ ナ 社
CORONA PUBLISHING CO., LTD.
Tokyo Japan
振替00140-8-14844・電話(03)3941-3131(代)
ホームページ　https://www.coronasha.co.jp

ISBN 978-4-339-00932-3　C3054　Printed in Japan　　　　（柏原）

シミュレーション辞典

日本シミュレーション学会 編
A5判／452頁／本体9,000円／上製・箱入り

◆**編集委員長**　大石進一（早稲田大学）

◆**分 野 主 査**　山崎　憲（日本大学）,寒川　光（芝浦工業大学）,萩原一郎（東京工業大学）,
矢部邦明（東京電力株式会社）,小野　治（明治大学）,古田一雄（東京大学）,
小山田耕二（京都大学）,佐藤拓朗（早稲田大学）

◆**分 野 幹 事**　奥田洋司（東京大学）,宮本良之（産業技術総合研究所）,
小俣　透（東京工業大学）,勝野　徹（富士電機株式会社）,
岡田英史（慶應義塾大学）,和泉　潔（東京大学）,岡本孝司（東京大学）

（編集委員会発足当時）

シミュレーションの内容を共通基礎，電気・電子，機械，環境・エネルギー，生命・医療・
福祉，人間・社会，可視化，通信ネットワークの８つに区分し，シミュレーションの学理
と技術に関する広範囲の内容について，1ページを1項目として約380項目をまとめた。

Ⅰ　**共通基礎**（数学基礎／数値解析／物理基礎／計測・制御／計算機システム）
Ⅱ　**電気・電子**（音　響／材　料／ナノテクノロジー／電磁界解析／VLSI設計）
Ⅲ　**機　械**（材料力学・機械材料・材料加工／流体力学・熱工学／機械力学・計測制御・
生産システム／機素潤滑・ロボティクス・メカトロニクス／計算力学・設計
工学・感性工学・最適化／宇宙工学・交通物流）
Ⅳ　**環境・エネルギー**（地域・地球環境／防　災／エネルギー／都市計画）
Ⅴ　**生命・医療・福祉**（生命システム／生命情報／生体材料／医　療／福祉機械）
Ⅵ　**人間・社会**（認知・行動／社会システム／経済・金融／経営・生産／リスク・信頼性
／学習・教育／共　通）
Ⅶ　**可視化**（情報可視化／ビジュアルデータマイニング／ボリューム可視化／バーチャル
リアリティ／シミュレーションベース可視化／シミュレーション検証のため
の可視化）
Ⅷ　**通信ネットワーク**（ネットワーク／無線ネットワーク／通信方式）

本書の特徴

1. シミュレータのブラックボックス化に対処できるように，何をどのような原理でシミュ
レートしているかがわかることを目指している。そのために，数学と物理の基礎にまで立ち返っ
て解説している。

2. 各中項目は，その項目の基礎的事項をまとめており，１ページという簡潔さでその項目
の標準的な内容を提供している。

3. 各分野の導入解説として「分野・部門の手引き」を供し，ハンドブックとしての使用に
も耐えうること，すなわち，その導入解説に記される項目をピックアップして読むことで，
その分野の体系的な知識が身につくように配慮している。

4. 広範なシミュレーション分野を総合的に俯瞰することに注力している。広範な分野を総
合的に俯瞰することによって，予想もしなかった分野へ読者を招待することも意図している。

定価は本体価格+税です。
定価は変更されることがありますのでご了承下さい。

‖‖‖‖‖‖‖‖‖‖‖‖‖‖‖‖‖‖‖‖‖‖‖‖‖‖‖　**図書目録進呈◆**

安全工学会の総力を結集した便覧！20年ぶりの大改訂！

安全工学便覧
（第4版）

B5判・1,192ページ　本体38,000円
箱入り上製本　2019年7月発行！！

安全工学会【編】

編集委員長：土橋　　律
編 集 委 員：新井　　充　　板垣　晴彦　　大谷　英雄
（五十音順）　笠井　尚哉　　鈴木　和彦　　高野　研一
　　　　　　　西　　晴樹　　野口　和彦　　福田　隆文
　　　　　　　伏脇　裕一　　松永　猛裕

特設サイト

刊行のことば（抜粋）

　「安全工学便覧」は，わが国における安全工学の創始者である北川徹三博士が中心となり体系化を進めた安全工学の科学・技術の集大成として1973年に初版が刊行された。広範囲にわたる安全工学の知識や情報がまとめられた安全工学便覧は，安全工学に関わる研究者・技術者，安全工学の知識を必要とする潜在危険を有する種々の現場の担当者・管理者，さらには企業の経営者などに好評をもって迎えられ，活用されてきた。時代の流れとともに科学・技術が進歩し，世の中も変化したため，それらの変化に合わせるために1980年に改訂を行い，さらにその後1999年に大幅な改訂を行い「新安全工学便覧」として刊行された。その改訂から20年を迎えようとするいま，「安全工学便覧（第4版）」刊行の運びとなった。

　今回の改訂は，安全工学便覧が当初から目指している，災害発生の原因の究明，および災害防止，予防に必要な科学・技術に関する知識を体系的にまとめ，経営者，研究者，技術者など安全に関わるすべての方を読者対象に，安全工学の知識の向上，安全工学研究や企業での安全活動に役立つ書籍とすることを目標として行われた。今回の改訂においては，最初に全体の枠組みの検討を行い，目次の再編成を実施している。旧版では細かい分野別の章立てとなっていたところを

　第Ⅰ編　安全工学総論，第Ⅱ編　産業安全，第Ⅲ編　社会安全，第Ⅳ編　安全マネジメント

という大きな分類とし，そこに詳細分野を再配置し編成し直すことで，情報をより的確に整理し，利用者がより効率的に必要な情報を収集できるように配慮した。さらに，旧版に掲載されていない新たな科学・技術の進歩に伴う事項や，社会の変化に対応するために必要な改訂項目を，全体にわたって見直し，執筆や更新を行った。特に，安全マネジメント，リスクアセスメント，原子力設備の安全などの近年注目されている内容については，多くを新たに書き起こしている。約250人の安全の専門家による執筆，見直し作業を経て安全工学便覧の最新版として完成させることができた。つまり，安全工学関係者の総力を結集した便覧であるといえる。

委員長　土橋　律

定価は本体価格+税です。
定価は変更されることがありますのでご了承下さい。

図書目録進呈◆